CAI
FO46
89F527

MO-DOF

S0-CNG-323

# Forest Inventory Terms in Canada

Edited by:

**B.D. Haddon**
**Petawawa National Forestry Institute**
**Forestry Canada**
**Chalk River, Ontario**

**3rd Edition**

DOCUMENTS OFFICIELS

MAR 14 1989

GOVERNMENT
PUBLICATIONS

**Canadian Forest Inventory Committee**
**Forestry Canada**
**1988**

## Canadian Cataloguing in Publication Data

Main entry under title:

Forest Inventory Terms in Canada

3rd ed.
Text in English and French with French text on inverted pages.
Title on added t.p.: Terminologie de l'Inventaire des forêts du Canada.
Previously published as: A Guide to Canadian Forest Inventory Terminology and Usage.
ISBN 0-660-54772-4
DSS cat. no. Fo46-21/1989

1. Forest surveys — Canada — Terminology.
2. Forests and forestry — Canada —Terminology.
I. Haddon, B.D. II. Canadian Forestry Service. Forest Inventory Committee. III. Title: Terminologie de l'Inventaire des forêts du Canada. IV: A Guide to Canadian Forest Inventory, Terminology and Usage.

SD126.F67 1989    634.9'5'014    C89-097030-OE

©Minister of Supply and Services Canada 1989

Available in Canada through

Associated Bookstores
and other booksellers

or by mail from

Canadian Government Publishing Centre
Supply and Services Canada
Ottawa, Canada K1A 0S9

Catalogue No. Fo46-21/1989
ISBN 0-660-54772-4

# Table of Contents

# Canadian Forest Inventory Committee
## (May, 1987)

| | |
|---|---|
| H.W.F. Bunce | Reid, Collins and Associates Limited, Vancouver |
| C.R. Carlisle | Department of Renewable Resources, Government of the N.W.T., Fort Smith, N.W.T. |
| D. Demers | Ministère de l'Energie, Mines et Ressources, Québec |
| T. Erdle | New Brunswick Department of Natural Resources and Energy, Fredericton |
| W. Glen | Prince Edward Island Department of Energy and Forestry, Charlottetown |
| G.H. Hawes | Canadian Forestry Service, Ottawa |
| F. Hegyi | B.C. Ministry of Forests, Victoria |
| R.H. Lamont | Manitoba Department of Natural Resources, Winnipeg |
| J.J. Lowe | Canadian Forestry Service, Chalk River, Ontario |
| R. Mercer (Vice Chairman) | Newfoundland Department of Forest Resources and Lands, Corner Brook |
| D.J. Morgan | Alberta Energy and Natural Resources, Edmonton |
| J.E. Osborn | Ontario Ministry of Natural Resources, Toronto |
| K. Rymer | Department of Indian and Northern Affairs, Whitehorse, Yukon |
| J.H. Smyth | Canadian Forestry Service, Sault Ste. Marie, Ontario |
| L.W. Stanley (Chairman) | Saskatchewan Parks, Recreation and Culture, Prince Alberta |
| F.R. Wellings | Nova Scotia Department of Lands and Forests, Truro |
| B.D. Haddon (Secretary) | Canadian Forestry Service, Chalk River, Ontario |

The following members comprised the Terminology Subcommittee:

B.D. Haddon (Chairman)
H.W.F. Bunce
D. Demers
L.W. Stanley

# Acknowledgments

Special thanks are due to R.J. Hall for his contributions to the Glossary, especially in the fields of remote sensing and statistics. Advice from Dr. D.G. Leckie on the section on remote sensing in Part I is gratefully acknowledged. Advice from D. Demers on the French terminology used in the Glossary is also gratefully acknowledged.

# Preface

In September, 1975, Sector Committee 8.1 (Forestry) of the Metric Conversion Program recommended that a committee be established to resolve some problems of forest inventories in Canada: problems caused by metric conversion, by a lack of common terminology, and by differences between forest inventories.

In response, the Canadian Forest Inventory Committee (CFIC) was established. Its members were drawn primarily from the existing Working Group 8.1.2 (Inventory and Mapping) of the Metric Conversion Program, which was expanded to give full representation to provincial and federal agencies.

The first edition of "A Guide to Canadian Forest Inventory Terminology and Usage" was produced in 1976. The second edition, which incorporated comments and suggestions made by Canadian foresters on the first edition, was edited and printed for the CFIC in 1978 by the Canadian Forestry Service (CFS).

This third edition incorporates updates and additions reflecting the work of the CFIC Stocking Subcommittee, the increasing significance of change data, and the impact of Geographic Information Systems on forest inventory. Additional terms related to remote sensing and statistics have been added, as have terms related to silvicultural and management treatments in so far as they describe areas of forest.

This edition is a joint production of the CFIC and Forestry Canada.

In this edition, for the first time, recommended forest inventory terms are presented in both official languages.

# Introduction

Forest inventories in Canada have developed in response to local or regional needs. Terminology has tended to develop local or regional variations, with the result that description of forest inventory procedures and presentation of forest inventory statistics have sometimes been confusing and misunderstood. This publication is intended to reduce these problems by providing the Canadian forestry community with a common forest inventory terminology and explaining its usage.

The scope of this publication is limited to forest inventory: that is, the inventory of forest areas for wood production and harvesting purposes. There are three sections: Canadian Forest Inventory Procedures, Glossary, and Appendices:

1. The Procedures outline in chronological sequence the tasks that may be performed in forest inventories following the establishment of inventory objectives and specifications. The emphasis is on *what* may be done rather than *how*.

2. The Glossary includes terms commonly used in or associated with forest inventories. Some terms related to silviculture and management, when used to describe areas of forest land, are included. Regional terms have been excluded.

3. Three appendices are included in the Guide: Appendix 1 presents in tabular form the measurement units, classes and ratios recommended for metric use in forest inventories. Appendix 2 contains the symbols approved for individual species and species groups. Appendix 3 contains a description of the Canada Land Data System as an example of one of the many geographic information systems in use in Canada.

The Canadian Forest Inventory Committee supports the terminology presented in this publication - in both languages - but recognizes that language and terminology are constantly evolving. The Committee welcomes your comments on this publication and suggestions for improvement. Please address them to:

> Canadian Forest Inventory Committee
> c/o Forest Inventory Program
> Petawawa National Forestry Institute
> Forestry Canada
> Chalk River, Ontario, Canada K0J 1J0

# Part I
# Canadian Forest Inventory Procedures

The purpose of Part I is to illustrate the procedures commonly used in forest inventories, and to explain the context in which many inventory terms are applied. The relationship of the forest inventory procedures is shown in Figure 1.

Detailed descriptions of the specific methods used in each part of Canada are reported in publications and manuals produced or used by the provincial, territorial and federal forest services. A continuously updated list of these publications is maintained by the Petawawa National Forestry Institute at Chalk River, Ontario and may be obtained on request. It is titled "Catalogue of Canadian Forest Inventory Publications and Manuals."

## Forest and Land Classification

Data summaries may be required for a number of different forest and land classes in various exclusive or overlapping combinations. The information necessary for *classification* is obtained from *aerial photos*, satellite imagery, field work, existing records, and other maps.

Forest and land may be classified according to ownership, status, administration, use, capability, forest cover, other vegetative cover, harvesting constraints, or ecology (Figure 2).

The ownership of land may be public (*federal* and *provincial crown land* or *municipal*) or private. Status depends on whether or not the land is available for wood harvesting (*reserved* versus *nonreserved*) and, in the case of provincial land, who exercises the direct, immediate control of the land (*retained* versus *assigned*). Federal land may be reserved as a park, defense area or Indian reserve, or retained (the Yukon and NWT). Provincial land may be reserved as a park or *protection forest*, assigned as a lease or license, or retained as a management unit or unmanaged vacant area. Municipal land may be reserved as a park or watershed, or retained as a managed woodlot. Private lands range from large, managed holdings to small woodlots.

Administrative forest units, districts or zones may be grouped regionally within a province or territory, or divided into subunits such as ranger districts, counties or townships.

Land may be classified according to its current primary use or estimated capability for a particular use, including timber production, recreation, wildlife or water production.

---

The terms in italics, on first usage, are defined in the Glossary (Part II).

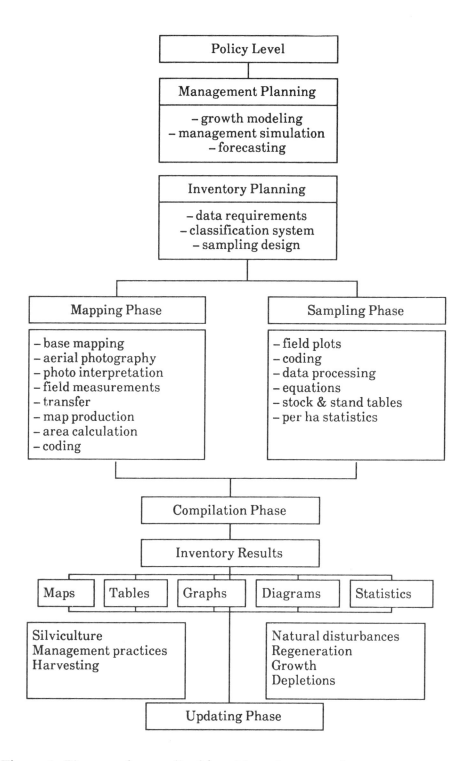

**Figure 1.** Diagram of generalized forest inventory procedure

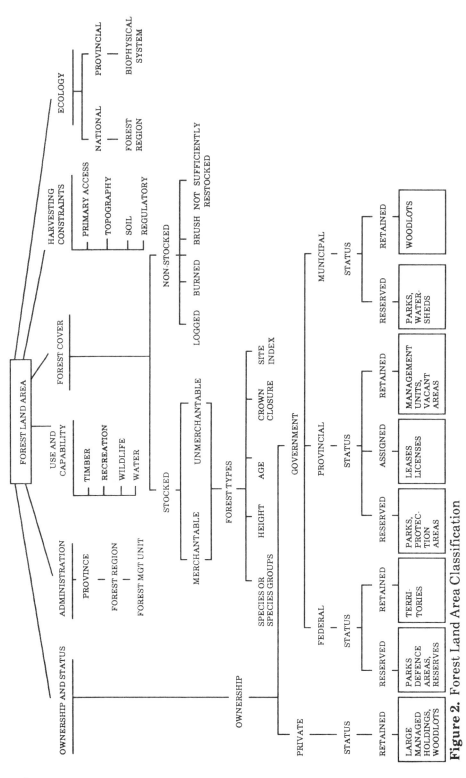

**Figure 2.** Forest Land Area Classification

Forest cover relates to the existing vegetative cover of an area. *Stocked forest land* may be *merchantable* or *unmerchantable* and may be classified by *forest types*, which can be sorted by species or species groups, height, area, *crown closure* or *site index*. *Nonstocked forest land* may be classified according to the cause of nonstocking: logging, fires or pests (insect and disease depletion).

Harvesting constraints can be used to group forest land. These include primary access, topography, soil and regulatory constraints.

Ecological classification of land nationally is by forest region; provincially, there are biophysical systems based on ecosystems and landforms.

# Remote Sensing

## 1. Sensors and Imagery

Aerial photography is the *remote sensing* medium most widely used in Canadian *forest inventory* practice. The camera/film/filter system is a *passive sensor*, which is sensitive to the visible and near-infrared portion of the electromagnetic spectrum. Depending upon the film/filter combination used, the sensitivity can be manipulated within the above limits.

Common types of film used in forest inventory are panchromatic (black and white), *infrared* (IR) (color or black and white), and color. Prints may be at the same *scale* (contact scale) as the negative or they may be enlargements or reductions. Prints may have a glossy or semimatte finish and may be on single- or double-weight paper. Plasticized prints are popular for field use. Color reversal films are processed directly to positive transparencies.

Multispectral imagers are passive sensors. Each scanner channel is, as a rule, sensitive to a fairly narrow wavelength band. A *multispectral scanner* often operates over more regions of the electromagnetic spectrum than do cameras. Optical mechanical scanners do not focus the energy through a lens but have a very narrow aperture and rapidly scan the object in swaths, converting the energy as it is received at a detector into electrical impulses which may be stored on magnetic tape and/or converted into an image. The resolution of a scanner depends on its aperture. With digital data, the smallest resolvable unit is a *pixel*.

Linear array multispectral imagers, or scanners, use a linear array of charge-coupled device detectors placed behind a focusing lens. A single swath or line of data is recorded simultaneously with each detector in the linear array forming one pixel (picture element) of the image. The best known applications are satellite images (e.g., *Landsat*), and airborne thermal IR images used in fire and other thermal studies.

*Side Looking Airborne Radar (SLAR)* and *Synthetic Aperture Radar (SAR)* are *active sensors* that transmit microwaves and record the reflections. Both are able to penetrate most cloud cover but are not widely used used in forestry because they do not define forest cover distinctly.

Multispectral imagery is produced by multispectral imagers or cameras (a system of several cameras each with a film/filter combination sensitive to a different portion of the electromagnetic spectrum), or by single multilens cameras with different filters.

Image scale is generally a function of the sensor's height above the ground and its internal geometry which, in a camera, is expressed by the focal length of the lens. Aerial photos of large, medium and small scale are generally taken from aircraft flying at low, medium and high altitudes, respectively. Ultra-small scale photos are obtained from aircraft at very high altitudes, satellites or space vehicles.

Most imagery is obtained with the optical or principal axis of the sensor as vertical as possible.

For a given flying height, the *coverage* of a photograph is dictated by lens angle and camera format. Lenses may range from fisheye through normal to telephoto. Most inventory work involves *aerial photographs* from cameras with a 230-mm format, but increasing use is also being made of 70-mm cameras for volume sampling, reconnaissance surveys and species studies. Small (35-mm) cameras are occasionally used, especially for change detection.

Aerial photos are taken along *flight lines* with a *forward overlap* of at least 60% between frames to permit *stereoscopic coverage* and viewing. The stereo model allows measurement of height with *stereometers*, usually *parallax* bars, and greatly enhances the photo image for *interpretation*.

Complete photo coverage is usually achieved by *lateral overlap*, generally of 30%, between adjacent flight lines. The layout of photo coverage is shown by an *index map*.

Multispectral imagers may produce either continuous strip imagery along the flight lines, or frames which overlap enough to ensure full coverage.

To ensure that the photographs obtained meet the requirements of the user, detailed specifications have to be clearly defined. The specifications of the Interdepartmental Committee on Air Surveys (I.C.A.S.), which are primarily for topographic mapping, are the best known in Canada.

## 2. Applications

The application of a particular set of images depends primarily on image scale; the smaller the scale, the larger the area covered, but with less discernible detail.

As a broad generalization, the relationship between scale and use is:

Ultra-small scale, around 1:1 000 000 — regional overviews
Small scale, around 1:60 000 — reconnaissance and landform studies
Medium scale, commonly 1:20 000, 1:15 000 and 1:12 500 — forest inventory mapping
Large scale, around 1:1 000 — detailed tree measurements
(Scales from 1:100 000 to 1:500 000 are rarely available)

In forest inventories, the most commonly used photography is panchromatic (black and white). Black and white infrared was commonly used for species identification, but its use is declining in favor of color film. Color infrared photography is being increasingly used, especially in the detection of unhealthy vegetation; color infrared images are usually photographs when taken from aircraft, or composite multispectral images when taken from satellites.

For forest inventory purposes it is common to obtain aerial photographs at medium scales of the entire inventory area. The photos may be used to make *base maps*, or *photo maps*, but the primary use is in forest and land area classification. The photo interpreter examines the stereo pair model and recognizes such stand characteristics as species composition, height, and *crown closure*. Individual stand boundaries may be delineated and used to produce a forest-type map. The interpreter may also be required to recognize many other details pertinent to land management. Interpretation skills are acquired through training and experience. Air and ground checks are made as well as reference to interpretation keys, *stereograms* and field survey data.

Small scale imagery is used occasionally in forest inventory, mainly for map construction and for typing broad forest and land classes; stand characteristics cannot be recognized with confidence.

Ultra-small scale satellite data are received on magnetic tape which may be analyzed electronically or reproduced as an image. The resolution of *Landsat Multi-Spectral Scanner (MSS)* is 80 metres, of *Thematic Mapper (TM)* 20 metres, and of the French SPOT 10 metres. An application of the use of satellite imagery is *monitoring* change.

Large Scale Photography (LSP) is a method of measuring sample trees photogrammetrically to partially replace expensive field measurements, e.g., in *regeneration* assessment. LSP is obtained in sample strips or stereopairs only, and requires an accurate means of scale determination such as a *radar* or *laser altimeter*.

Canadian forest inventory volume estimates come from ground samples within the *strata* established by forest-type maps.

Inventory estimates need not be tied to a typing and mapping system. Two-phase *sampling* systems make use of photo plot volume estimates made by interpreters in the first phase; these estimates are adjusted by second phase field measurements of some of the photo plots.

Some forest inventories are designed to use several scales of imagery in multistage sampling designs. At successive stages, progressively smaller segments of the inventory area are sampled at progressively larger scales and in greater detail; the final stage is generally a ground *sample*.

## Mapping

Aerial photos are the primary source of data in map construction. Field survey data are used primarily to provide *ground control points* for controlling map scale, to *update* maps when suitable aerial photos are not available, and to inspect and correct *photo interpretation*. On occasion, maps are constructed from field survey data only.

Base maps show only required planimetric features. They are generally derived from existing *topographic maps*, e.g., of the National Topographic System (NTS). Should these not be available, base maps are constructed from aerial photos supplemented by ground control points. Base maps are used to position additional forest data, e.g., forest or stand type boundaries obtained from air photo interpretation, or ownership boundaries. When forest data are added to the base map, it becomes the *forest map*.

Base maps are produced from existing maps by placing the latter in an optical project instrument, the *reflecting projector*, the *stereoscopic plotter* or camera lucida (e.g., Sketchmaster). These are adjusted to project an image of the desired scale onto the map base. The desired cartographic information is then drawn on the base to produce the base map.

A similar procedure is used to add forest data to the base map. First, the aerial photos are interpreted and forest type boundaries and other desired characteristics are delineated. Next, the photos are placed in the optical projection instrument, which projects the image onto the base map. At this stage, the image may undergo *rectification*, i.e., adjustment for scale and *tilt*. With some instruments, radial displacement can also be corrected. Lastly, the desired forest information contained in the image is transferred onto the base map as *polygons*.

Should no topographic map be available to construct the base map, the air photo image is projected onto a ground control grid, and cartographic and forest data are extracted simultaneously from the photos to produce the forest map.

Scale control is achieved by plotting the positions of ground control points, the locations of which are known both on the ground and on the aerial photos. Sources of this control information are the federal Department of Energy, Mines and Resources and provincial surveying agencies. The control point locations and spacing on a base map depend on the system of *map projection*. Systems suitable for forestry are the Polyconic, the Lambert Conformal, the Conic with two standard parallels, and the Universal Transverse Mercator. All systems have inherent inaccuracies but, in practice, any one can be used without important errors in mapping areas up to a few hundred square kilometres. The favoured projection is the Universal Transverse Mercator.

Map scales recommended for use with metric units are based on the 1-2-5 number series, i.e., 1:10 000, 1:20 000 and 1:50 000. Contour intervals should also conform to the 1-2-5 number series.

Map size is usually determined by convenient sheet size (somewhat governed by available paper sizes) and by scale. Map boundaries generally follow grid lines of the grid coordinate system and the National Topographic System, based upon degrees of latitude and longitude. The township-range-meridian grid is used in several parts of Canada. Map boundaries can also be set in accordance with the Universal Transverse Mercator (UTM) grid, in which the Earth's surface is divided into successively smaller squares expressed in metric units. The UTM grid has certain advantages and its use is increasing. It is recommended that all forest maps be referenced to the six-degree UTM grid.

Maps of a particular system (e.g., the NTS) but covering different areas at different scales are labelled according to a specific *map indexing system*, a number of which are currently in use.

Forest maps are usually updated on a cyclical basis. If the cycle is 10 years, one tenth of the area is rephotographed each year and the maps revised accordingly. Maps of smaller areas subjected to disturbances (e.g., fire, insect damage) may be updated more frequently. The maps are generally in a format that facilitates reproduction and updating. Maps shown on a transparent base material can be reproduced inexpensively as blueprints. They may also be lithographed.

The introduction of *geographic information systems* into Canadian forest inventories has integrated statistical information and tree and stand data with the geographic map location information. For a description of one such system, see Appendix 3. There are many other good examples now commercially available.

The primary purpose of forest maps is to determine the location and area of forest stands, types, *strata*, and other segments of the forest area. Strata are groups of forest stands that have characteristics in common. Stratification increases sampling efficiency by reducing the number of samples required to achieve a given standard of sampling *accuracy*. Segments may be sampled to estimate characteristics such as volume, *basal area*, and number of trees on a per-unit area basis. These estimates are then expanded to provide total estimates for each segment and for the entire area of interest. The forest maps are also used as a basis for *operational inventories*, road location *surveys*, planning of field work travel, forest renewal, forest research, and other resource management purposes.

# Volume Specifications

In most forest inventories, wood volume is the most important single characteristic being estimated. It is compiled by a large variety of classes and expressed in many different ways. Other characteristics (basal area, growth) are also sorted and expressed in different ways, but not to the same extent as volume.

## 1. Classification of Volume

The purpose of classification of volume data is to present the data effectively, in a form appropriate to their use.

Volume estimates may be classified by the forest and land area classes previously described. Stated differently, volume is one of the characteristics summarized by the forest and land area classes.

Tree volume is classified by species or species groups, often in combination with *diameter classes*. The latter may be as fine as 2 cm *diameter breast height* classes, or they may be broad classes with boundaries related to utilization, e.g., *sawtimber* and *pulpwood*.

Stand volume may be classified by species groups, sometimes in combination with a utilization standard: if the stand volume per hectare is less than a specified figure, the stand is considered not economic to harvest. The terminology has not clearly evolved on this subject, but stand merchantability or commercialism are terms sometimes used.

## 2. Types of Volume

Tree volumes are generally expressed according to two categories, each of which has two alternatives:
   (i)  gross volume makes no allowance for defects and decay of the tree, whereas net tree volume does;

   (ii) total volume is the volume of wood inside bark of the main stem, including stump and top; merchantable tree volume is the volume of wood that can be extracted from a tree, generally total tree volume less stump and top volume.

Tree volumes and stand volumes are generally expressed as *gross total, gross merchantable*, or *net merchantable*. With increasing emphasis on complete tree utilization, a fourth expression is appearing: *forest biomass*.

## 3. Volume Equations and Tables

The direct measurement of tree and stand volume is difficult and costly. Hence, most forest inventories make use of equations or tables in which volume is related to characteristics more easily measured.

Tree *volume equations* are generally constructed for individual species, rarely for *form classes*, by *regression* analysis from measurements of volume and the more easily measured characteristics, called independent variables. Tree volume equations may be converted into *volume tables*, which show volumes for selected values of the independent variables.

*Yield tables* may be considered a type of stand volume table. Most yield tables are constructed for even-aged stands of one species (or species group) and show, for different *site qualities*, the development over time of such tree characteristics as average dbh and height, and such stand values as basal area and volume per hectare. *Normal yield tables* apply to hypothetical stands that are *fully stocked*; *empirical yield tables* apply to actual stand conditions. For second growth stands, yield tables for stands of varying density are prepared. The response of stands to certain management treatments, e.g. *thinning*, is reported in *variable density yield tables* according to the intensity of the treatment.

Another category of volume equations and tables are those used to estimate volume from aerial photos. Aerial tree volume equations for use with large scale aerial photos (LSP) are similar to the standard tree volume equations, except that dbh is replaced by a variable which can be measured on LSP, e.g., *crown area*. Other independent variables, e.g., *crown diameter*, are sometimes used. The equations are often constructed for species groups rather than individual species.

Aerial stand volume equations may be constructed for stands of single species, species groups, or for forest types. The independent variables are usually *stand height* and crown closure, but sometimes also include average crown diameter. The equations, which may also be converted into tables, yield estimates on a per-hectare basis. The estimates are appropriate when high accuracy is not required.

# Field Sampling

## 1. Sample Units

Detailed tree and stand information is generally obtained from those *sample units* that comprise the sample. This information is one of the most important sources of forest inventory data. A sample unit is characterized by either of the two alternatives within each of the following three classes:

    (i) *sample plot or point sample*

    (ii) single or *cluster*

    (iii) *temporary* or *permanent*

Thus, one given sample unit (SU) might be characterized as a permanent, single, sample plot, while another might be properly classed as a temporary cluster of point samples.

Plots, which have a fixed area, may be of a circular, rectangular (including square and strip) or even triangular shape, and may be of any suitable, arbitrary size. Commonly, plot sizes range from those of only 1 to 4 m$^2$ used for regeneration surveys to those of up to 0.5 ha for old growth inventories. Remeasurement data are collected from permanent sample plots to evaluate change over time.

Point samples are SUs for which boundary, shape, and area need not be determined or specified. Trees are selected for inclusion in the sample with the aid of an *angle gauge* such as a *wedge prism* or *relascope*. Data resulting from measurements of the selected trees are expressed on a per-hectare basis. The number of trees selected at a point depends on the angle size of the gauge. The size is indirectly expressed as a *basal area factor*; commonly used factors are 2 m$^2$/ha and 4 m$^2$/ha.

12

Point samples are also known as prism plots, relascope plots, Bitterlich plots and variable area plots. However, these samples are not plots because they do not have a definable boundary or a specified area.

## 2. Tree Characteristics

Within each sample unit a number of tree characteristics are estimated or measured on some or all trees. Dead or badly damaged trees are usually excluded from the *tally*.

Tree *dbh* is measured with a *diameter tape*, tree *calipers*, or estimated occularly according to the accuracy required. It is recorded in stem diameter classes.

Stem diameter measurements may be made at heights other than *breast height* using an *optical dendrometer*. Such measurements are used to calculate tree volume without resorting to tree volume equations, or to calculate the tree *form quotient*.

Tree growth and age are determined from an *increment core* extracted with an *increment borer*. Tree age is determined from a count of annual rings, and tree *increment* from a measurement of the width of annual rings. An addition is made for the years taken to reach the boring height. Bark thickness may be measured with a *bark gauge*.

Measurements or estimates less frequently obtained include crown diameter and *crown length*. Visible defects and decay (*cull*) indicators are usually recorded, *cull factors* are calculated and applied.

Special measurements are sometimes required for specific purposes. Trees may be felled and sectioned, and measurements made to determine the volume of sound wood and to determine total tree volume, merchantable tree volume, gross tree volume and net tree volume, as well as to calculate equations and tables for these four categories.

## 3. Stand Characteristics

Some stand characteristics are measured in the field, e.g., the basal area per hectare measured in a point sample and regeneration *stocking*. Others may be estimated, e.g., species composition, forest type, *site class* and *productivity class*, as well as stand height and crown closure. However, most stand characteristics are compiled from the individual tree measurements made in a plot.

# Data Compilations and Summaries

The data summaries are in the form of tables and/or forest maps. The maps display forest and land area class boundaries and major geographic features. They may show additional data obtained from remote sensing, e.g., forest types and their characteristics. They are normally supplemented with tabular data that cannot be displayed on the maps.

Summaries are often desired for sections of the total inventory area, i.e., the forest and land area classes specified at the beginning of the inventory, and combinations of classes or polygons. Compilations may be made as required.

Generally, the mean value per hectare of a given characteristic (e.g., volume, basal area, growth) is calculated together with a *precision (variance)* estimate for a given section. The formulae used to calculate means and variances will vary, depending on the sampling design used in the inventory. The area of the section then is determined and applied to the mean to give the total volume in that section.

Area estimates may be obtained from the forest maps by using a digitizing table, a planimeter or a *dot grid*. If the sections are not mapped, section areas may be estimated from the proportion of sample units falling in the section.

Volume estimates are obtained by applying tree measurements (dbh, height) from the sample units to tree volume equations to determine tree volumes; these are used to calculate volumes of the sample units from which the mean volume is calculated.

An alternative to the use of tree volume equations in determining mean plot volumes is the measurement of individual tree volumes with an optical dendrometer on a subsample of trees in the sample units.

From the field data, compilations are made for a number of other characteristics, e.g., number of trees per hectare, basal area per hectare, average age, regeneration stocking, and tree growth estimates of volume, basal area and dbh. Growth and *depletion* data are more usually compiled on a stand basis from permanent (remeasured) sample plots, which permit the evaluation of changes such as *ingrowth* and *mortality*.

Volume per hectare may be summarized by dbh classes and species in *stock tables*. Number of trees per hectare may be summarized by dbh classes and species in *stand tables*.

14

The great variety of summary tables found in forest inventories reflects the different purposes and intensities of the inventories. These may range from single-purpose, low-intensity photocruises to obtain rough volume estimates over large areas, through multipurpose, high-intensity surveys for management purposes to single-purpose, high-intensity mapping and tallying of stands ready for harvesting. Summary tables for these inventories will differ in number and in the kind and amount of information they present. At a minimum, however, each summary will include information about the total inventory area, the forest and land area classes used, and the area of each class. For the more important classes, e.g., *productive forest land,* information is provided of the specified characteristics in sufficient detail to meet the requirements of the inventory.

## Geographic Information Systems

Recent developments in technology known collectively as geographic information systems (GIS) have made it possible to store, compile and reproduce cartographic and forest information using a computer. An advantage of this option is that numerical data describing the timber volumes and other *attributes* of the forest and the land may be stored, analyzed and reported in direct relationship to the location of their occurrence. The current trend in this systems field is for increasing power and user friendliness while the size of the hardware and unit costs are decreasing. As an example of a GIS, the Canada Land Data System is described in Appendix 3.

The form of the map may be identical whether reproduced by traditional drafting methods or printed from a computer. The statistical data may be reported for any forest cover type parcel by polygon, the smallest individual area shown on the map. Summaries according to any grouping or classification can be compiled and printed in tabular form.

This process has been applied nationally as in the implementation of Canada's Forest Inventory for 1981 and 1986. The preferred unit used here is a cell or square about 100 square kilometres in size. The forest cover of the whole country is included in about 44 000 cells. The major source for these inventories has been the inventory sections of the provincial forest services.

# Part II
# Glossary

The purpose of Part II is to define and explain terms commonly used in Canadian forest inventories. Some terms more closely related to forest management and silviculture are included when they may refer to a treatment or describe a condition applicable to a mappable area.

Terms in the glossary are arranged alphabetically. In some instances, families of terms (e.g., the different kinds of volume tables) are grouped together to make it easier for the reader to compare the terms. In such cases, each member of a family of terms (e.g., aerial tree volume table) is also listed alphabetically, but the reader is referred to the family name.

Each term is written in bold letters and followed by its equivalent term in the other language, then by its definition. Where a term has more than one definition, the applicable discipline (e.g., remote sensing) is named for each definition. While a term may have more than one definition, not all definitions of a term are included in the glossary, only those relevant to forest inventories. The definition is, if appropriate, followed by an explanation of common usage of the term, and by reference to related terms. Terms used as both nouns and verbs are identified as such by *n, v*.

Following the definition is a bracketed number indicating the source of the definitions. The sources corresponding to these code numbers are:

(1)     The Canadian Forest Inventory Committee, its Subcommittees and delegates.

(2)     Aldred, A.H. 1981. A federal/provincial program to implement computer-assisted forest mapping for inventory and updating. Dendron Resource Surveys Ltd., Ottawa, Ont.

(3)     Avery, T.E. 1968. Interpretation of aerial photographs. 2nd ed. Burgess Publ. Co., Minneapolis, Minn.

(4)     Bowen, M.G.; Bonnor, G.M.; Morrier, K.C. 1981. Canadian Forest Resource Data System -- Preliminary manual for annual district reporting of change data. Canadian Forestry Service, Forestry Statistics and Systems Branch, Chalk River, Ont.

(5)     Canadian Standards Association. 1977. Scaling roundwood. CAN 3-0302. 1-M77. Rexdale, Ont.

(6)     Chandor, A.; Graham, J.; Williamson, R. 1980. The Penguin dictionary of computers. 2nd ed. Penguin Books, Markham, Ont.

(7)     Colwell, R.N., editor in chief. 1983. Manual of remote sensing. 2nd ed. American Society of Photogrammetry, Falls Church, Va.

(8)     Davis, K.P. 1966. Forest management; regulation and valuation. 2nd ed. , McGraw-Hill, New York, N.Y.

(9)     Draper, N.R; Smith, H. 1981. Applied regression analysis. 2nd ed. John Wiley and Sons Inc., New York, N.Y.

(10)    Empire Forestry Association. 1953. British Commonwealth forest terminology, Part 1. London, England.

(11)    Falconer, G. (Senior Advisor, National Geographic Information, Energy, Mines and Resources) Personal Communication to Mr. W.A. Kean (Petawawa National Forestry Institute, Chalk River, Ontario) May 21, 1986.

(12)    Ford-Robertson, F.C., editor. 1971. Terminology of forest science, technology, practice and products. Multilingual Forestry Terminology Series No. 1. Published by Society of American Foresters, Washington, D. C.

(13)    Forestry Statistics and Systems Branch. 1984. Reporting and summarizing forestry change data - Manitoba pilot study. Canadian Forestry Service, Petawawa National Forestry Institute, Chalk River, Ont. Inf. Rep. PI-X-36.

(14)    Freedman, A. 1983. The computer glossary for everyone: It's not just a glossary. Prentice-Hall, Inc., Englewood Cliffs, N.Y.

(15)    Hall, R.J. 1982. Uses of remote sensing in forest pest damage appraisal. Proceedings of a seminar held May 8, 1981, in Edmonton, Alberta. Environment Canada, Canadian Forestry Service, Northern Forest Research Centre, Edmonton, Alta. Inf. Rep. NOR-X-238.

(16)    Husch, B.; Miller, C.I.; Beers, T.W. 1972. Forest mensuration. 2nd ed. John Wiley & Sons, New York, N.Y.

(17)    Jordain, P.B.; Breslau, M. 1969. Condensed computer encyclopedia. McGraw-Hill Book Co., New York, N.Y.

(18)    Kleinbaum, D.G.; Kupper, L.L. 1978. Applied regression analysis and other multivariable methods. Duxbury Press, North Scituate, Mass.

(19) Lund, H.G. 1986. A primer on integrating resource inventories. U.S. Department of Agriculture, Forest Service, Washington, D.C.

(20) McGraw-Hill encyclopedia of science and technology. 1966. McGraw-Hill Book Co., New York, N.Y.

(21) Ministry of Natural Resources. 1986. Timber management planning manual. Toronto, Ont.

(22) Naval Reconnaissance and Technical Support Centre. 1967. Image interpretation handbook, Vol. 1. Department of Defense, Washington, D.C.

(23) RESORS Glossary. 1987. Canada Centre for Remote Sensing, Ottawa, Ont.

(24) Richards, J.A. 1986. Remote sensing digital image analysis. Springer-Verlag, New York, N.Y.

(25) Slama, C.C., editor. 1980. Manual of photogrammetry, 4th ed. American Society for Photogrammetry and Remote Sensing, Falls Church, Va.

(26) Society of American Foresters. 1958. Forestry terminology, 3rd ed. (rev.) Washington, D.C.

(27) Spatial Data Transfer Committee. 1979. Standard format for the transfer of geocoded polygon data. Energy, Mines and Resources. Ottawa, Ont.

(28) Steel, R.G.D.; Torrie, J.H. 1980. Principles and procedures of statistics. McGraw-Hill Book Company, New York, N.Y.

(29) Swain, P.H.; Davis, S.M. 1978. Remote sensing: the quantitative approach. McGraw-Hill Inc., New York, N.Y.

(30) Titus, S.J. 1980. Multistage sampling: what's it all about? Pages 116-123 in C.L. Kirby and R.J. Hall, editors. Proc. Applications of remote sensing to timber inventory workshop. Environment Canada, Canadian Forestry Service, Northern Forest Research Centre, Edmonton, Alta. Inf. Rep. NOR-X-224.

(31) United Nations Economic Commission for Europe and the Food and Agriculture Organization. 1985. The forest resources of the E.C.E. Region (Europe, the USSR, North America). Geneva.

**accessibility:** [accessibilité]

An assessment of the effect that availability of access, topography and soil have upon the cost of harvesting a given timber stand (1).

accretion:

*see* **stand growth**; accretion

**accuracy:** [précision]

A measure of the variability of a parameter (characteristic) estimate about the true value of the parameter (1). Generally, closeness to the true value. The mean square error (MSE), a measure of accuracy, illustrates the relationship with precision and bias:

$$MSE = (precision)^2 + (bias)^2$$

**acuity, visual:** [acuité visuelle]

A measure of the human eye's ability to separate details in viewing an object (25).

**additions:** [ajouts]

Areas added to the productive forest land base (13).

**adjustment:** [correction]

The determination and application of corrections to observations, for the purpose of reducing errors or removing internal inconsistencies in derived results. The term may refer either to mathematical procedures or to corrections applied to instruments used in making observations (25).

aerial mosaic:

*see* **mosaic**

**aerial photo:** [photographie aérienne]

Photo taken from the air (1).

Generally vertical unless described as oblique.

**oblique:** [photographie oblique] Aerial photo taken with the camera axis intentionally directed between the horizontal and the vertical (1).

**vertical:** [photographie verticale] Aerial photo taken with the camera axis approximately vertical (1).

**aerial reconnaissance:** [reconnaissance aérienne]

The collection of information by visual, electronic, or photographic means from the air (25).

aerial stand volume table:
    *see* **volume table**; stand; aerial

aerial tree volume table:
    *see* **volume table**; tree; aerial

**age:** [âge]
    (a)  Of a tree:

> **breast height:** [âge à hauteur de poitrine] The number of annual growth rings between the bark and the pith, as counted at breast height (1).
>
> **harvest:** [âge de maturité] The number of years required to grow from establishment to maturity (8).
>
> **stump:** [âge à hauteur de souche] The number of annual growth rings between the bark and the pith, as counted at stump height (1).
>
> **total:** [âge total] The number of years elapsed since the germination of the seed, or the budding of the sprout or root sucker (26).

    (b)  Of a forest, stand or forest type, the average of the trees comprising it (12).

> **harvest:** [âge de récolte] The number of years between the establishment of a forest crop and the final harvest of the crop (8).
>
> **total:** [âge total] The average total age of the trees comprising it (12).

**age class:** [classe d'âge]
Any interval into which the age range of trees, forests, stands or forest types is divided for classification and use. Also the tree, forest, stand or forest type falling into such an interval (1).

**agricultural land:** [terre agricole]
Land primarily used for agriculture (1).

**air base:** [base]
The distance between two camera stations (30). Can also be interpreted as ground distance between centres of successive overlapping photos (7).

*cf.* base-height ratio, camera station

air photo:

>*see* **aerial photo**

air photograph:
>*see* **aerial photo**

**air speed:** [vitesse aérienne]
>The speed of an aircraft, along its longitudinal axis, relative to the surrounding atmosphere (25).
>
>*cf.* ground speed

**algorithm** (Computer Science): [algorithme]
>A series of instructions or procedural steps for the solution of a particular problem (16).

alienated land:
>*see* **assigned land**

all-aged:
>*see* **even-aged**

allocated land:
>*see* **assigned land**

**allowable cut:** [possibilité forestière]
>The volume of wood which may be harvested, under management, for a given period (26).

**alpine (land):** [terre alpine]
>Land, which, because of its elevation, is above the timberline (i.e. the limit beyond which trees do not occur) (1).
>
>*cf.* wildland

**altimeter:** [altimètre]
>An instrument which indicates the vertical distance above a specified datum plane (22).
>
>Usually an aneroid barometer which utilizes relative pressure of the atmosphere.
>
>**laser:** [altimètre laser] An instrument that utilizes a laser beam to estimate height above ground utilizing the same principle as the Radar Altimeter (1).

**radar:** [altimètre radar]  An instrument which transmits microwave energy, measures the lapsed time of the reflected energy, and converts the time into distance (1).

**altitude** (Aerial Photography): [altitude]
Vertical distance above the datum, usually mean sea level, of an object or point in space above the earth's surface (25).

**analysis** (GIS): [analyse]
As opposed to data manipulation, the derivation of new information by bringing together and processing the basic data (polygons, lines, points, labels, etc.) (2).

*cf.* manipulation

**analysis of covariance - ANCOVA** (Statistics): [analyse de covariance]
A process that makes use of concepts of both ANOVA and of regression (28). The purpose of ANCOVA is to describe the relationship between a continuous dependent variable and one or more nominal independent variables, while controlling for the effect of one or more continuous independent variables (18).

*cf.* nominal variable

**analysis of variance - ANOVA** (Statistics): [analyse de variance]
An arithmetic process for partitioning a total sum of squares into components associated with recognized sources of variance (28). The purpose of ANOVA is to describe the relationship between a continuous dependent variable and one or more nominal independent variables (18).

*cf.* nominal variable

angle count method:
*see* **point sampling**

**angle gauge:** [jauge angulaire]
A class of instrument used in point sampling (1).

Includes the prism and the relascope. Most commonly used to project a fixed (critical) angle horizontally from a point.

**artificial intelligence** (Computer Science): [intelligence artificielle]
The use of computers and design of programs in such a way that they perform operations analogous to the human abilities of learning and decision making (6). For example, artificial intelligence is used in the development of expert systems.

**assigned (land):** [terrain affecté]
Crown-owned forest land no longer under the direct control of the crown (1).

Includes crown land which has been leased or licensed to private agencies.

*cf.* retained land

**attitude:** [attitude]
The angular orientation of a camera, or of the photograph taken with that camera, with respect to some external reference system (25).

**attribute:** [attribut]
A characteristic required for describing or specifying some entity. For example, a forest cover type (17).

*see also* label

**automated mapping:** [cartographie automatisée]
Mapping operations carried out under machine control. A term frequently generalized to include computer-assisted mapping where there is considerable human intervention (2).

**azimuth** (Photogrammetry): [azimut]
Azimuth of the principal plane. The clockwise angle from north (or south) to the principal plane of a tilted photograph (25).

## - B -

**band ratios** (Remote Sensing): [rapport de bande]
A method whereby ratios of different spectral bands from the same image or from two registered images, are taken to reduce certain effects such as topography, and to enhance subtle differences of certain features (24).

**bare-root planting:** [plantation à racines nues]
Setting out young trees with their roots freed from the soil in which they had developed (13).

**bark gauge:** [sonde à écorce]
An instrument for measuring the thickness of bark (12).

**barren:** [dénudée]
Land that is devoid of trees or that bears only stunted trees (26).

*cf.* wildland

**basal area:** [surface terrière]
(a) Of a tree, the area in square metres of the cross section at breast height of the stem (1).

(b) Of a forest, stand, or forest type, the area in square metres per hectare of the cross section at breast height of all the trees (1).

**basal area factor:** [facteur de surface terrière]
Of an angle gauge, the basal area or stem area per unit of stand area corresponding to the angle of projection (1).

**base - height ratio** (Photogrammetry): [rapport base/hauteur]
Ratio of air base and aircraft height of a stereoscopic pair of photographs. This ratio determines the vertical exaggeration on stereo models (7, 25).

*cf.* air base, vertical exaggeration

**base map:** [carte de base]
A map which displays basic planimetric information (drainage and cultural features) and which is used as a base for the forest map (1).

Compiled from existing topographical or planimetric maps, or from aerial photos.

**bias:** [biais]
The difference between the expected value of the estimate and the true value being estimated (1).

Generally, a systematic deviation from the true value resulting from nonsampling errors.

The mean square error (MSE), a measure of accuracy, illustrates the relationship with precision and bias;

$$MSE = (precision)^2 + (bias)^2$$

*cf.* mean square error, precision

**biomass:** [biomasse]
The mass of organic matter per unit of area or volume of habitat (1).

**forest:** [biomasse forestière]  The mass of organic matter per unit of area in a forest (1).

**tree:** [biomasse des arbres]  The mass of organic matter per unit of area in trees.

(1) All of these definitions, except that of biomass alone, should be qualified, i.e. total, above-ground or below-ground.

(2) All measurements expressing mass per unit of area or volume of habitat are to be in metric units of ovendry mass or volume where no change in moisture content occurs at 103°C ±2°C in a ventilated oven (1).

**woody:** [biomasse cellulosique]  The mass of organic matter per unit of area in woody vegetation (1).

**bit** (Computer Science): [bit]
An abbreviation of binary digits, and one of the two digits (0 and 1) used in binary notation (6).  Generally considered the smallest possible unit of information (17).

*cf.* byte

Bitterlich method:
*see* **point sampling**

Bitterlich plot:
*see* **point sample**

**block** (Computer Science): [bloc]
A group of records, words, characters, or digits treated as a logical unit of data.  For example; data is transferred between memory and peripheral units as individual blocks (6, 17).

bog:
*see* **muskeg**

**bole:** [fût]
A tree stem once it has grown to substantial thickness, generally capable of yielding sawtimber, veneer logs, large poles, or pulpwood (5).

Seedlings, saplings, and thinner poles have stems, not boles.

*cf.* stem

**borderline tree:** [arbre périphérique]
> A tree sufficiently close to the boundary of a sample unit that more accurate measurements are required to establish whether the tree is inside or outside the unit (1).

breast height:
> *see* **height:** breast

breast height age:
> *see* **age:** breast height

broadcast seeding:
> *see* **seeding:** broadcast

broadleaved:
> *see* **hardwood(s)**

**browse** (GIS): [balayage]
> To be able to select and take a quick look, usually on a video display, at part of a map to check for features of interest. Usually no analysis or data manipulation is involved (2).

**brush:** [broussailles]
> Shrubs and stands of short, scrubby tree species that do not reach merchantable size (26).

> *cf.* slash

**burn (burned-over):** [brûlis]
> Land which has recently been burned (1).

**byte:** [octet]
> Storage unit equivalent to a character of information (14), or 4 bits.

> *cf.* bit

## - C -

**cadastral survey:** [relevé de cadastre]
> A survey relating to land boundaries and subdivisions, made to create units suitable for transfer or to define the limitations of title. Derived from cadastre (meaning register of the real property of a political subdivision with details of area, ownership, and value), the term is now used to designate the surveys of public lands, including retracement surveys for the identification, and resurveys for the restoration of

property lines; it may also be applied properly to corresponding surveys outside public lands, although such surveys usually are termed land surveys or property surveys through preference (25).

**calipers:** [pied à coulisse]
An instrument to measure diameters of trees or logs (1).

Consists of a graduated rule with two arms, one fixed at right angles to the zero end of the rule, the other sliding on the rule parallel to the fixed arm.

**calibration:** [étalonnage]
The act or process of determining certain specific measurements in a camera or other instrument or device by comparison with a standard (25).

*cf.* collimate

camera lucida:
*see* **stereoscopic plotter**

**camera station:** [point de vue]
The point in space occupied by the camera lens at the moment of exposure. Also called air station or exposure station (25).

*cf.* air base

**canopy:** [couvert forestier]
The cover of branches and foliage formed by tree crowns (10).

*cf.* storey

canopy class:
*see* **crown closure class**

canopy density:
*see* **crown closure**

canopy density class:
*see* **crown closure class**

capability:
*see* **site capability**

capability class:
*see* **site capability class**

**cartography:** [cartographie]

The art and science of expressing graphically, by maps and charts, the known physical features of the earth, or of another celestial body, often includes the work of man and his varied activities (25).

**centroid** (GIS): [centre]

In terms of polygons, the geographic centre or the average of the x and y values making up the perimeter points. Used to locate a polygon and its label. Some people have generalized this term so that the point may occur at any point in the polygon (2).

*cf.* label point

**CFI:**

*see* **inventory:** continuous forest inventory

**change data:** [données ajustées]

Periodic and quantitative information describing forest resource dynamics (13).

This term includes:

(a) Depletions to the forest, such as forest area and wood volume removed by harvesting, windthrows, wildfires, and insect and disease damage;

(b) Accruals, such as area and volume gained from forest growth;

(c) Management activities undertaken to protect or enhance the resource, such as silvicultural treatments; and,

(d) Changes in land ownership and status that affect the utilization of the resource.

**check:** [stagnation]

Stagnation of tree or stand growth (1).

chicot:

*see* **snag**

class:

*see* **age class**
**crown class**
**diameter class**
**form class**
**height class**
**site class**
**maturity class**

**classification:** [classification]
> The systematic grouping of entities into categories based upon shared characteristics (19).

> **supervised classification** (Remote Sensing): [classification dirigée] A computer-implemented process through which each measurement vector is assigned to a class according to a specified decision rule, where the possible classes have been defined on the basis of representative areas of known identity (7).

> **unsupervised classification** (Remote Sensing): [classification non dirigée] A computer-implemented process through which each measurement vector is assigned to a class according to a specified decision rule, whereby the possible classes have been based on inherent data characteristics rather than on training areas (29).

**cleaning:** [dégagement]
> A cultural operation eliminating or suppressing undesirable vegetation, mainly woody (including climbers), during the sapling stage of a forest crop. It has to be done before or, at the latest, concurrent with the first thinning, so as to favor the better trees; may include unwanted crop species as well as intrusive vegetation (13).

**clear muskeg:**
> *see* **muskeg**

**clearcut:** [coupe à blanc]
> *n*: An area of forest land from which all merchantable trees have recently been harvested (1).

> *v*: The harvesting of all merchantable trees from an area of forest land (1).

**cleared land:** [terrain déboisé]
> Land permanently cleared of trees, usually as a result of human activities (1).

> Includes roads, right-of-ways, railroads, power lines, air strips, gravel pits, mines, dikes, etc.

**clearing:**
> *n*: [clairière] An open area without trees (1).

> *v*: [nettoiement] The virtual removal of all vegetation from an area, usually by mechanical means, in preparation for regeneration (4).

> *cf.* clearcut

clinometer:
>	*see* **hypsometer**

**closed forest:** [forêt à couvert fermé]
>	All land with a "forest cover", i.e., with trees whose crowns cover more than 20% of the area (or with a stand density of more than 20%) and used primarily for forestry (31).

>	Included are:

>	(a)	All plantations, including one-rotation plantations, primarily used for forestry purposes;

>	(b)	Areas normally forming part of the closed forest area which are nonstocked as a result of human intervention or natural causes but which are expected to revert sooner or later to closed forest;

>	(c)	Young natural stands and all plantations established for forestry purposes which have not yet reached a crown density of more than 20%;

>	(d)	Forest roads and streams and other small open areas, as well as forest nurseries, that constitute an integral part of the forest;

>	(e)	Closed forests in national parks and nature reserves;

>	(f)	Areas of windbreak and shelterbelt trees sufficiently large to be managed as forest.

>	Excluded are:

>	(a)	Isolated groups of trees smaller than 0.2 ha;

>	(b)	City parks and gardens;

>	(c)	Areas not meeting the conditions of closed forests as described above, even if administered by Forest Authorities.

>	*cf.* other wooded land

**cluster** (Statistics): [échantillonnage en grappe]
>	A sample unit (plot) comprising two or more sample elements (subplots) (1).

**clustering** (Remote Sensing): [groupage]
>	The analysis of a set of measurement vectors to detect their inherent tendency to form clusters in multidimensional measurement space (7).

**coefficient of determination - $R^2$** (Statistics): [coefficient de détermination]
The square of the correlation coefficient, and in regression analysis, gives the proportion of the total sum of squares attributable to the independent variable(s) in the model tested (28).

*cf.* correlation coefficient

**coefficient of nondetermination** (Statistics): [coefficient de non-détermination]
Is given by $1 - R^2 = K^2$ and is the basis of an error term by giving the unexplained proportion of a total sum of squares (28).

**coefficient of variation - CV** (Statistics): [coefficient de variation]
Is a relative measure of variation in contrast to the standard deviation, and is used to facilitate the comparison of variability. It is defined as the sample standard deviation expressed as a percentage of the sample mean, and being a ratio of two averages, is independent of the unit of measurement used (28).

**collimate:** [collimater]
In photogrammetry; to adjust the fiducial marks of a camera so that they define the principal point (25).

*cf.* calibration

**collimating marks:** [références collimatrices]
Marks on the stage of a reduction printer or projection equipment, to which a negative or diapositive is oriented (25).

*cf.* fiducial marks

**commercial species:** [essence commerciale]
A tree species for which there is a current market (1).

*cf.* noncommercial species

**compartment:** [parcelle]
The basic territorial unit of a forest permanently defined for purposes of location, description, and record, and as a basis for forest management (21).

**confidence interval:** [intervalle de confiance]
The range, bounded by confidence limits, in which the population parameter is expected to occur at a given probability (16).

confidence limits:
see **confidence interval**

coniferous:
  *see* **softwood(s)**

conifer(s):
  *see* **softwood(s)**

**container planting:** [plantation en récipients]
  Setting out young trees from, or together with, receptacles containing the soil, etc. in which they have developed, either from seed or as transplants (13).

continuous forest inventory (CFI):
  *see* **inventory:** continuous forest inventory

**contrast** (Photography): [contraste]
  The actual difference in density between the highlights and the shadows on a negative or positive. Contrast is not concerned with the magnitude of density, but only with the difference in densities. Also, the rating of a photographic material corresponding to the relative density difference which it exhibits (25).

**contrast stretching** (Remote Sensing): [amplification de contraste]
  Improving the contrast of images by digital processing. The original range of digital values is expanded to utilize the full contrast range of the recording film or display device (7).

**control** (Mapping): [canevas]
  A system of points with established positions or elevations, or both, which are used as fixed references in positioning and correlating map features (25).

controlled mosaic:
  *see* **mosaic**

**correlation coefficient - R** (Statistics): [coefficient de corrélation]
  A measure of the degree to which variables vary together (28).

  **simple:** [coefficient de corrélation simple] For bivariate data, it is a measure of the linear relationship between two variables.

  **multiple:** [coefficient de corrélation multiple] A measure of the closeness of association between the observed Y values, and a function of the independent values used in the model.

  *cf.* coefficient of determination

32

**corridor** (GIS): [corridor]
>An area of uniform width bordering both or one side of a lineal feature such as a stream or route (2).

>**corridor analysis:** [analyse de corridor(s)] The manipulation, measurement, analysis, and output of data within a corridor (2).

>**corridor generation:** [établissement de corridor(s)] To outline a corridor along a defined lineal feature automatically (2).

**covariance** (Statistics): [covariance]
>The measure of how two variables change in relation to each other. If larger values of Y tend to be associated with larger values of X, the covariance will be positive. If larger values of Y tend to be associated with smaller values of X, the covariance will be negative. A covariance matrix is a table of paired covariance values for the variables in the data set (7).

**coverage** (Remote Sensing, Mapping): [couverture]
>The area covered by overlapping aerial photos or by maps (1).

>**stereo(scopic):** [couverture stéréoscopique] The area covered by aerial photos with sufficient overlap for any point to appear on at least two photos in a manner suitable for stereoscopic viewing.

>These definitions can also apply to other forms of remote sensing imagery.

**cover type:**
>*see* **forest type**

**crab** (Remote Sensing): [dérive]
>Any turning of an airplane, usually in a crosswind, which causes its longitudinal axis to vary from the track of the airplane. Also, the condition caused by failure to orient the camera with respect to the track of the airplane as indicated in vertical photography by the edges of the photos not being parallel to the air base lines (26).

>*cf.* drift; yaw

**crown area:** [projection de la cime]
>The area covered by the vertical projection of a tree crown to a horizontal plane (1).

>May be determined in the field from crown diameter measurements; on aerial photos by dot grids or digitizers.

**crown class:** [classe de cime]
> A designation of trees in a forest with crowns of similar development and occupying similar position in the canopy (26).

> Crown classification applies to groups of trees.

> **codominant:** [codominant] Trees with crowns forming the general level of the canopy and receiving full light from above but comparatively little from the sides; usually with medium-sized crowns more or less crowded on the sides.

> **dominant:** [dominant] Trees with crowns extending above the general level of the canopy and receiving full light above and partly from the side; taller than the average trees in the stand, and with crowns well developed but possibly somewhat crowded on the sides.

> **intermediate:** [intermédiaire] Trees shorter than those of the two preceding classes, with crowns either below or extending into the canopy formed by codominant and dominant trees; receiving little direct light from above and none from the sides; usually with small crowns considerably crowded on the sides.

> **open grown:** [simplement ouvert] Trees with crowns receiving full light from all sides due to the openness of the canopy.

> **suppressed:** [supprimé] Trees with crowns entirely below the general level of the crown cover receiving no direct light either from above or from the sides.

**crown closure:** [fermeture du couvert]
> The percentage of ground area covered by the vertically projected tree crown areas (1).

**crown closure class:** [classe de fermeture du couvert]
> Any interval into which the crown closure range is divided for classification and use (1).

crown cover:
> *see* **crown closure**

crown density:
> *see* **crown closure**

crown density class:
> *see* **crown closure class**

**crown diameter:** [diamètre de la cime]

The horizontal distance between two extremities of the crown on opposite sides of the tree (1).

Often an average of two measurements (maximum and minimum). May be measured on aerial photos or in the field.

**Crown land:** [terres de la Couronne]
Land that is the property of the Crown (1).

**federal crown land:** [terres fédérales] Crown-owned lands under the administration of the federal government comprise lands in the Northwest Territories including the Arctic Archipelago and the islands in Hudson Strait, Hudson Bay, and James Bay, lands in the Yukon Territory, ordnance and admiralty lands, national parks and national historic parks and sites, forest experiment stations, experimental farms, Indian reserves and, in general, all public lands held by the several departments of the federal government for various purposes connected with federal administration (1).

**provincial crown land:** [terres provinciales] Crown-owned land under the administration of a provincial government. Can include municipal land (1).

*cf.* private land

**crown length:** [longueur de la cime]
The vertical distance from the top of a standing tree to the base of the crown, measured either to the lowest live branch-whorl or to the lowest live branch (12).

**cruise:**
*n:* [inventaire] A field survey of a forest area to obtain general information, often preliminary, on the forest conditions and timber volumes (1).

*v:* [inventorier] To conduct such a survey (1).

**cruise line:** [virée d'inventaire]
A line of travel along which data are recorded, either continuously or at intervals (1).

*cf.* cruise strip, line plot cruise, transect

**cruise strip:** [virée continue]
    A long, narrow plot of specified width, along which the recording of data is continuous (1).

**cull:**
    *n*: [carie] Trees or logs or portions thereof that are of merchantable size but are rendered unmerchantable by defects (1).

    *v*: [rebuter] To reject the whole of a tree, log or piece of timber in respect to gross volume (1).

**cull factor:** [taux de carie]
    The percentage of a standing tree's gross volume rendered unmerchantable by defects (1).

current annual increment:
    *see* **increment:** current annual

cut:
    *see* **stand growth:** cut

**cutover:** [coupe totale]
    An area of forest land from which some or all timber has recently been cut (1).

## - D -

**damage** (Remote Sensing): [dommages]
    Any loss, either biologic or economic, due to stress (19).

    *cf.* damage type

**damage type** (Remote Sensing): [genre de dommages]
    Any syndrome expressed by the plant of either temporary or permanent strain caused initially by stress (15).

    *cf.* damage

**data:** [données]
    Units of information which can be precisely defined; technically, data are raw facts and figures which are processed into information (14).

    **agreeable data:** [données compatibles] Two or more mutually exclusive data sets using the same standards and definitions for purposes of combining (19).

**comparable data:** [données comparables] Two or more data sets using the same standards and definitions for purposes of comparison (19).

**universal data:** [données standard] Data that are basic to many uses and from which many kinds of information can be derived (19).

**database:** [base de données]
A repository for information (19).

**data compression** (GIS): [compression de données]
A reduction in the amount of computer memory required to hold a polygon or associated text and points through weeding, line smoothing or computer work packing (2).

data processing:
*see* **processing**

dbh:
*see* **diameter breast height**

**decadent:** [décadent]
A tree or stand of trees which is deteriorating due to age (1).

decay:
*see* **rot**

deciduous:
*see* **hardwood(s)**

**delay period:** [période de battement]
The planned number of years between the year in which a stand is depleted and the regeneration initiation (21).

*cf.* regeneration period

**dendrometer:** [dendromètre]
A class of instruments designed to measure diameters of standing trees from the ground (1).

May also be used to measure tree height. Includes the Wheeler Pentaprism Caliper.

**optical:** [dendromètre optique] An instrument using optics to enlarge the image and improve measurement accuracy. Includes the Barr & Stroud Dendrometer and the Telerelascope.

density:
> *see* **stand density**

**depletion:** [décroissement]
> The decrease in merchantable volume on a managed forest area (1).

> The decrease may be due to logging, fire, insect and disease damage, and other causes.

**depth of field:** [profondeur de champ]
> The distance between the points nearest and farthest from the camera which are imaged with acceptable sharpness (25).

> The general relation is a shallower depth of field at large apertures, and a deeper depth of field at narrower (smaller) apertures.

**derived map:** [carte dérivée]
> A map of selected features of interest (2).

description:
> *see* **label**

**diameter:** [diamètre]
> **diameter breast height (dbh):** [diamètre à hauteur de poitrine (dhp)] The stem diameter of a tree measured at breast height (1.30 m above ground level) (1).

> Unless otherwise stated, applies to the outside-bark dimension.

> **diameter inside bark (dib):** [diamètre sans écorce] The diameter of a tree or log excluding double bark thickness (1).

> **diameter outside bark (dob):** [diamètre avec écorce] The diameter of a tree or log including bark (1).

> **diameter stump height (dsh):** [diamètre à hauteur de souche] The stem diameter of a tree measured at stump height (1).

> **quadratic mean diameter:** [diamètre de la tige de surface terrière moyenne] Diameter of the tree with average (for a given stand) basal area at reference height (usually dbh) (1).

> **top diameter:** [diamètre au fin bout] Of a standing tree, the diameter at merchantable height, i.e., at the smaller end of the uppermost merchantable log (12). Measured inside bark.

**diameter class:** [classe de diamètre]
> Any interval into which the range of stem diameters of trees or logs is divided for classification and use. Also the trees or logs falling into such an interval (10).

**diameter limit:** [diamètre limite]
> The minimum, and occasionally the maximum, diameter to which trees or logs are to be measured, cut or used (12).

> The limits generally refer to the stump, the top, or breast height.

**diameter tape:** [galon circonférentiel]
> A specially graduated tape by means of which the diameter may be read directly when the tape is placed around the tree (26).

**digital classification** (Remote Sensing): [classification numérique]
> Employing an algorithm or several algorithms to group pixels of a multispectral image with similar characteristics. It is a process by which information labels may be attached to pixels on the basis of their spectral reflectance characteristics (7, 24).

**digital enhancement** (Remote Sensing): [accentuation de l'image]
> Data filtering and other processes which may or may not be statistical, to manipulate pixels to produce an image that will accentuate features of interest for visual (manual) interpretation (29).

**digitize:** [codifier en numérique]
> To convert a point or line on a map or other plane surface to a machine readable form (2).

**direct data entry:** [entrée directe de données]
> Digitizing and key entry directly from a data source such as an aerial photograph or a forest cover map (2).

direct seeding:
> *see* **seeding,** direct

**displacement:** [déplacement]
> **image:** [déplacement d'image] Any shift in the position of an image on a photograph which does not alter the perspective characteristics of the photograph (i.e., shift due to relief or height of the objects photographed, scale change in the photograph, shift due to tilt of the photograph) (7).

> *cf.* distortion

**relief:** [déplacement de relief] Displacement of images radially inward or outward with respect to the photograph nadir because the ground objects are, respectively, below or above the elevation of the ground nadir (25).

**display** (Computer Science, Remote Sensing): [affichage]
An output device that produces a visible representation of the data set for quick visual access; the prime hardware component is usually a cathode ray tube (CRT) (7).

**distortion** (Photogrammetry): [distorsion]
Any shift in the position of an image on a photograph which alters the perspective characteristic of the photograph (i.e., image distortion caused by motion of the film or camera, differential shrinkage of film or paper, and lens aberration) (25).

*cf.* displacement image

**dot grid:** [point coté]
A transparent sheet of film (overlay) with systematically arranged dots, each dot representing a number of area units (1).

Used to determine areas on maps, aerial photos, plans and drawings.

Occasionally, the dots are arranged at random within a square or rectangular grid.

drain:
*see* **depletion**

**drift** (Aerial Photography): [dérive]
The horizontal displacement of an aircraft from its course caused by wind or other causes (25).

*cf.* crab

drill seeding:
*see* **seeding:** drill

dsh:
*see* **diameter stump height**

**dummy variable** (Statistics): [variable]
A variable often introduced into regression analysis that has two or more distinct levels. This contrasts with variables normally used in regression equations that take values over some continuous range (9).

**economically accessible:** [économiquement accessible]
Forest management units and forest stands from which the annual allowable cut can be profitably harvested within the foreseeable future (1).

**economically inaccessible:** [économiquement inaccessible]
Forest management units from which the annual allowable cut cannot be profitably harvested (at some specified date) (1).

**edge enhancement** (Remote Sensing): [accentuation marginale]
The use of analytical techniques to emphasize transition in imagery (7).

**edgematching** (GIS): [raccordement marginal]
Overcoming the line mismatches that may occur between adjoining map sheets or photos (2).

edgetying:
*see* **edgematching**

**editing** (GIS): [édition]
The addition, deletion, or modification of polygons, lines, points, and associated labels. Editing relates mainly to the correction of errors, but can include updating (2).

**effective area of aerial photograph:** [surface utile d'une photo aérienne]
That central part of the photograph delimited by the bisectors of overlaps with adjacent photographs. On a vertical photograph, all images within the effective area have less displacement than their corresponding images on adjacent photographs (25).

empirical yield table:
*see* **yield table:** empirical

**error** (Statistics): [erreur]
The difference between an observed or computed value of a quantity and the ideal or true value of that quantity. Errors are defined by types or by causes (25).

error mean square:
*see* **mean square error**

**establishment:** [établissement]
The process of developing a forest crop to the stage at which the young trees may be considered established, i.e., safe from normal adverse

influences (e.g., frost, drought, weeds, or browsing) and no longer in need of special protection or special tending, i.e., free-to-grow (21).

**establishment period:** [période d'implantation]
The time elapsing between the initiation of regeneration and its acceptance to the free-to-grow status (21).

**evaluation:** [évaluation]
A determination of the worth, quality, significance, amount, degree, or condition of something by careful appraisal and study (19).

**even-aged:** [équienne]
Of a forest, stand, or forest type in which relatively small age differences exist between individual trees (1).

The differences in age permitted are usually 10 to 20 years; if the stand will not be harvested until it is 100 to 200 years old, larger differences up to 25% of the rotation age may be allowed.

*cf.* uneven-aged

**exposure latitude** (Photography): [latitude de pose]
The range of photographic exposure which will result in a satisfactory image (25).

## - F -

**false color** (Remote Sensing): [fausse couleur]
The use of one color to represent another. For example, the use of red emulsion to represent infrared light in color infrared film (7).

federal land:
*see* **crown land**

fencing: (GIS):
*see* **windowing**

**fertilizing:** [fertilisation]
The addition of nutrients to the soil in organic or inorganic form (13).

**fiducial marks:** [repères du fond de chambre]
Index marks, usually four, which are rigidly connected with the camera lens through the camera body and which form images on the negative and usually define the principal point of the photograph. Also marks, usually four in number, in any instrument which define the axes whose

intersection fixes the principal point of a photograph and fulfills the requirements of interior orientation (25).

*cf.* collimating marks

**field** (Computer Science): [champ]
A logical element of data within a record or a collection of subfields. A field may be a number, or numbers, or a collection of characters. Field sizes and data types are dependent on the format of the record (27).

**file** (Computer Science): [dossier de données]
A collection of information consisting of records pertaining to a single subject. A file begins at the end of the preceding file or the beginning of tape, and ends with an EOF (End of File) (27).

**final cutting:** [coupe finale]
The removal of seed or shelter trees after regeneration has been effected, or removal of the entire crop of mature trees under a clearcut system (21).

**firewood:** [bois de chauffage]
Trees that will yield logs suitable in size and quantity for the production of firewood. Also logs of such trees (1).

*cf.* fuelwood, pulpwood

fixed-area plot:
*see* **sample plot**

**flight line:** [ligne de vol]
A line drawn on a map or chart to represent the actual or proposed track of an aircraft in remote sensing programs (1).

The line connecting the principal points of overlapping vertical photos approximates a flight line.

**floating mark** (Photogrammetry): [repère stéréoscopique]
A mark seen as occupying a position in the three-dimensional space formed by the stereoscopic fusion of a pair of photographs and used as a reference mark in examining or measuring the stereoscopic model (25).

**focal length:** [distance focale]
The distance measured along the optical axis from the rear nodal point of the lens to the plane of critical focus of a very distant object (25).

**forest:** [forêt]
> A plant community predominantly of trees and other woody vegetation, growing more or less closely together (1).

**forest biomass:**
> *see* **biomass**

**forest capability:**
> *see* **site capability**

**forest capability class:**
> *see* **site capability class**

**forest cover type:**
> *see* **forest type**

**forest inventory:**
> *see* **inventory, forest**

**forest land:** [terrain forestier]
> Land primarily intended for growing, or currently supporting, forest (1).
>
> Includes land not now forested, e.g., clearcuts; northern lands that are forested but not intended for any use; and plantations.
>
> *cf.* nonforest land
>
> **productive:** [terrain forestier productif] Forest land that is capable of producing a merchantable stand within a reasonable length of time (1).
>
> **unproductive:** [terrain forestier improductif] Forest land that is incapable of producing a merchantable stand within a reasonable length of time (1).
>
> Includes muskeg, rock, barrens, marshes, meadows, etc. within a forest land area

**forest management unit:** [unité d'aménagement forestier]
> An area of forest land managed as a unit for fiber production and other renewable resources (1).
>
> This unit can be the entire province or territory, a provincial forest management subdivision, an industrial timber limit, etc.

**forest map:** [carte forestière]
> A base map to which forest data have been added (1).

**forest mensuration:** [dendrométrie]

The measurement of volume, growth, and development of individual trees and stands, and the various products obtained from them (1).

**forest stand:**
*see* **stand**

**forest type:** [type forestier]

A group of forested areas or stands of similar composition which differentiates it from other such groups (1).

Forest types are usually separated and identified by species composition and often also by height and crown closure classes. In detailed typing, age, site, and other classes may also be recognized. The typing is usually done on aerial photos and may be supplemented by field data. Type symbols and boundaries are marked on the photos and transferred to the forest map.

**form class:** [classe de forme]

Any of the intervals into which the range of form quotients of trees or logs is divided for classification and use. Also the trees or logs falling into such intervals (1).

A classification of trees according to taper.

*cf.* form quotient

**form class volume table:**
*see* **volume table:** tree, form class

**form factor:** [coefficient de forme]

The ratio between the inside-bark volume of a tree and the volume of a cylinder having the same diameter and height (26).

Three different form factors are defined, the differences being related to the point on the tree at which the diameter is measured:

**absolute:** [coefficient de forme absolu] Cylinder diameter equal to stump diameter (1).

**breast height:** [coefficient de forme au-dessus de la haùteur de poitrine] Cylinder diameter equal to diameter breast height. Most commonly used (1).

**normal:** [coefficient de forme normal] Cylinder diameter equal to a diameter measured at a distance above ground having a fixed ratio to tree height (1).

**form quotient:** [quotient de forme]
The ratio of any two overbark diameters of a tree stem (12).

**absolute:** [quotient de forme absolu] The ratio of diameter of half the tree height above breast height to dbh (12). Used to construct tree volume tables.

forward overlap:
*see* **overlap:** forward

**free-to-grow (FTG):** [hors compétition]
Stands that meet stocking, height, and/or height growth rate, as indicated by specifications or standards, and are judged to be essentially free from competing vegetation (21).

**fuelwood:** [bois de chauffage]
Trees that will yield logs suitable in size and quality for the production of firewood logs or other wood fuel, the logs of such trees (1).

*cf.* firewood, pulpwood

fully stocked:
*see* **stocking:** fully stocked

## - G -

general inventory:
*see* **inventory:** regional

**geocoding** (GIS): [codage géographique]
Transformation or tying-in of digitized coordinates and labels to a map coordinate system such as 6° UTM (2).

**geographic information system (GIS):** [système d'information à référence géographique]
An information system which uses a spatial database to provide answers to queries of a geographical nature through a variety of manipulations such as sorting, selective retrieval, calculation, spatial analysis and modelling (11).

*cf.* spatial database

**geographically referenced:** [pointé géographiquement]
Refers to the condition of data for which "positional" information is available, enabling the geographical position of the data to be established and communicated. The normal functioning of a geographic

information system requires the existence of geographically referenced data in a spatial database and a means of manipulating these data (11).

*cf.* spatial database

**geometric registration:** (Remote Sensing) [superposition géométrique]
The process of geometrically aligning two or more sets of image data so that resolution cells for a single ground area can be digitally or visually superimposed. Data being registered may be of the same type, from different kinds of sensors, or collected at different times (29).

GIS:
*see* **geographic information system**

GRID:
*see* **dot grid**

gross increment:
*see* **increment:** gross

gross volume:
*see* **volume:** gross total, gross merchantable

**ground control point:** [point de contrôle]

Control points, established by ground surveys, used to fix the attitude and/or position of one or more aerial photos for mapping purposes (22).

**ground speed** (Photogrammetry, Air Navigation): [vitesse par rapport au sol]
The rate of motion of an aircraft along its track with relation to the ground; the resultant of the heading and air speed of the aircraft and the direction and velocity of the wind (25).

*cf.* air speed

**ground truth:** [contrôle au sol]
Data and observations on the earth's surface normally to quantify simultaneously recorded remote sensing imagery (25).

**growing stock:** [matériel sur pied]
The sum (by number, basal area, or volume) of trees in a forest or a specified part of it (1).

growth:
*see* **increment:** stand growth

**hardwood(s):** [feuillu]

    (1)    Trees belonging to the botanical group Angiospermae with broad leaves usually all shed annually. Also, stands of such trees and the wood produced by them (1).

    (2)    A forest type in which 0-25% of the canopy is softwood (1).

**harvesting:**
    *see* **logging**

**height:** [hauteur]

    **breast:** [hauteur de poitrine] The standard height, 1.30 m above ground level, at which the diameter of a standing tree is measured (1).

    On sloping ground, breast height is usually measured on the uphill side of the tree.

    **merchantable tree:** [hauteur marchande] The vertical distance between stump height and a point on the standing tree having a specified utilization limit (1).
    The specified utilization limit is generally expressed as diameter inside bark.

    **stand:** [hauteur de peuplement]

    (Mensuration): The average height of dominant and codominant trees of the main species forming the stand (1).

    (Remote Sensing): The average height of dominant and codominant trees in a stand (1).

    **stump:** [hauteur de souche] The vertical distance between ground level and the top of a stump (1). On slopes, ground level is generally taken on the upper side of the stump. Stump height may be the actual height of a cut stump, or some arbitrarily selected standard. In rain forests and in mountainous terrain, the point of germination is used in place of ground level.

    **top:** [hauteur moyenne supérieure] The mean height of 100 trees per hectare of largest diameter at breast height. From 5 to 15 trees in a particular stand will be measured according to the uniformity and size of the stand (1).

**tree:** [hauteur de l'arbre] The distance between the uppermost shoot of the tree and ground level or point of germination if that differs from ground level (1).

**height class:** [classe de hauteur]
Any interval into which the range of tree or stand heights is divided for classification and use. Also the trees or stands falling into such an interval (1).

**high-grading:**
*see* **partial cutting:** high-grading

**hypsometer:** [clinomètre]
A class of instrument designed to measure tree heights from the ground, using trigonometric principles (1).

## - I -

**image** (Remote Sensing): [image]
The permanent record of the likeness of any natural or manmade features, objects, and activities. Images can be acquired directly on photographic materials using cameras, or indirectly if nonimaging types of sensors have been used in data collection (25).

**image enhancement:**
*see* **digital enhancement**

**image motion** (Aerial Photography): [mouvement de l'image]
Blurring of images on an aerial photograph due to the relative movement of the camera with respect to the ground during exposure (25).

**immature:** [jeune]
In even-aged management, those trees or stands that have grown past the regeneration stage but are not yet mature (1).

*cf.* even-aged, regeneration, mature

**improvement cuttings:** [coupes d'amélioration]
Cuttings made in stands past the sapling stage for the purpose of improving composition and quality by removing trees of undesirable species, form, or condition from the main canopy (4).

**increment:** [accroissement]
The increase in diameter, basal area, height, volume, quality, or value of individual trees or stands during a given period (10).

The following types of increment are commonly recognized.

**current annual (c.a.i.):** [accroissement annuel courant] Increment for a given year (1).

**gross:** [accroisement brut]
(a) Of stands, accretion plus ingrowth, plus mortality.
(b) Of trees, increment (1).

**mean annual (m.a.i.):** [accroissement annuel moyen] The average annual increment for the total age (1).

**net:** [accroissement net]
(a) Of stands, gross increment less mortality.
(b) Of trees, increment (1).

**normal:** [accroissement normal]
(a) The increment laid on by a normal forest.
(b) Of an individual stand, the increment attained under full stocking and normal health (12).

**periodic annual:** [accroissement annuel périodique] The average annual increment for a specified period, commonly 5, 10 or 20 years (1).

**increment borer:** [tarière de Pressler]
An auger-like instrument with a hollow bit, used to extract cores or cylinders of wood from trees with annual growth rings, for increment and age determination (10).

**increment core:** [carotte]
The cylinder of wood extracted from a tree by an increment borer (1).

Used to determine increment and age of trees with annual rings.

**index map:** [carte-index]
A map showing the location and numbers of flight lines and aerial photos (22).

**indicator variable:**
   *see* **dummy variable**

**infrared** (Photography): [infrarouge]
Pertaining to or designating the portion of the electromagnetic spectrum with wavelengths just beyond the red end of the visible spectrum, such as radiation emitted by a hot body. Invisible to the eye, infrared rays are detected by their thermal and photographic effects.

Their wavelengths are longer than those of visible light and shorter than those of radio waves (25).

ingrowth:
> see **stand growth:** ingrowth

**instantaneous field of view:** [champ de visée instantané]
> When expressed in degrees or radians, the smallest plane angle over which an instrument (for example, a scanner) is sensitive to radiation; when expressed in linear or area units such as metres or hectares, it is an altitude-dependent measure of the ground resolution of the scanner (29).
>
> *cf.* scan line

integration, multiresource:
> see **multiresource integration**

**interactive** (Computer Science): [interactif]
> In the computer field, the ability of the machine and operator to communicate on a real time or continuing basis to solve problems. Of particular relevance to data input and editing, updating operations, and the retrieval of data (interactive graphics) (2).

interpretation:
> see **photo interpretation**

**inventory:** [inventaire]
> **continuous forest inventory (CFI):** [inventaire forestier continu] A forest inventory system in which permanent sample plots distributed throughout the whole forest management unit are repeatedly remeasured at regular intervals to determine total volume, growth and depletion (1).
>
> **forest:** [inventaire forestier]
> A survey of a forest area to determine such data as area condition, timber, volume and species, for specific purposes such as planning, purchase, evaluation, management or harvesting (1).
>
> **integrated:** [inventaire intégré] An inventory or system of inventories designed to meet multifacility, multilevel, multiresource, or temporal needs (19).
>
> **management:** [inventaire d'aménagement] A detailed, intensive forest inventory for management purposes, of an area managed as one unit (1).

The forest types are usually mapped in detail with estimates given for each type. Precision estimates given for total inventory volume.

**operational:** [inventaire d'exploitation] An intensive forest inventory of a small area for harvesting purposes (1).

Individual stands are mapped, with estimates given for each stand.

**reconnaissance:** [inventaire de reconnaissance] An exploratory, extensive forest inventory with no detailed estimates obtained (1).

A formal sampling design is generally not used, and no precision estimates are obtained.

**regional:** [inventaire régional] A detailed, extensive forest inventory for planning on a regional or provincial basis (1).

Major forest types are usually mapped, with estimates given for each type. Precision estimates given for total inventory volume.

irregular:
> *see* **uneven-aged**

## - L -

label (GIS, Mapping): [référence]
> Alphanumeric data, textural data, or a symbol which describes a polygon, line or point. Sometimes referred to as attribute label, type code, or descriptor (2).

label point (GIS): [point de référence]
> A point in a polygon used to position the label and to reference it to a polygon (2).

> *cf.* centroid

land capability: [potentiel des terres]
> The potential usefulness of land in supporting renewable natural resources, e.g., forestry, agriculture, wildlife, recreation and water production (1).

Landsat: [Landsat]
> The name of a specific series of satellites designed to obtain images of the Earth's surface and natural resources (1).

land survey:
> *see* **cadastral survey**

lap:
>*see* **overlap**

lateral overlap
>*see* **overlap;** lateral

**legend** (Mapping): [légende]
>A description, explanation, table of symbols, and other information, printed on a map or chart to provide a better understanding and interpretation of it. The title of a map or chart formerly was considered part of the legend, but this usage is obsolete (25).

**line plot cruise:** [virée discontinue]
>Field data collection from sample units spaced at (usually) regular intervals along straight lines of travel (1).

local volume table:
>*see* **volume table:** tree, local

logged area:
>*see* **cutover**

**logging:** [exploitation forestière]
>The cutting and removal of trees from a forested area (1).

## - M -

**magnetic declination:** [déclinaison magnétique]
>The angle between true (geographic) north and magnetic north (direction of the compass needle). The magnetic declination varies for different places and changes continuously with respect to time (25).

main storey:
>*see* **storey**

management inventory:
>*see* **inventory:** management

**manipulation** (GIS): [traitement]
>Rearranging or presenting data without changing the basic data or deriving new data (2).

>*cf.* analysis

**map indexing system:** [système de référence cartographique]
A method of labelling a series of maps, produced at varying scales, of the same area (1).

**map projection:** [projection cartographique]
Method of transforming a spherical representation of the Earth's surface to a nonspherical, usually plane, surface (20).

Transformation of the spherical surface may be accomplished geometrically or mathematically. Map projections most commonly used in forestry are the Transverse Mercator, the Lambert Conformal, and the Polyconic, all transformed geometrically.

**mature:** [mûr]
In even-aged management, those trees or stands that are sufficiently developed to be harvestable and that are at or near rotation age (includes overmature trees and stands if an overmature class has not been recognized) (1).

**maturity class:** [classe de maturité]
Trees or stands grouped according to their stage of development from establishment to suitability for harvest. A maturity class may comprise one or more age classes (1).

mean annual increment:
*see* **increment:** mean annual

**mean square error** (Statistics): [carré de l'erreur moyenne]
An unbiased estimate of the true variance about the regression (31), and is computed by the sum of squares of the errors divided by the residual (error) degrees of freedom (25). It is also referred to as residual mean square (RMS), and the square root of this statistic is called the standard error of estimate (28).

*cf.* standard error of estimate, precision

**MEIS:** [MEIS]
Acronym for Multi-detector Electro-optical Imaging Scanner. It is a narrow spectral band imager that employs linear array technology to acquire airborne digital data (1).

mensuration:
*see* **forest mensuration**

**menu** (GIS): [menu]
As opposed to key entry, the encoding of data by using a list or matrix which is digitized to select the particular label (2).

**merchantable:** [marchand]

Of a tree or stand that has attained sufficient size, quality, and/or volume to make it suitable for harvesting (1).

Does not imply accessibility, economic or otherwise.

merchantable tree height
*see* **height:** merchantable tree

merchantable volume:
*see* **volume:** gross merchantable

**merge** (GIS): [assemblage]

After dissolving lines during reclassification, the reduction of number of labels and polygons (2).

**metric camera:** [caméra photogrammétrique]

A camera whose interior orientation is known, stable and reproducible (25).

*cf.* nonmetric camera

minimum diameter limit:
*see* **diameter limit**

**mixedwood(s):** [mélangé(s)]

(1)   Trees belonging to both the botanical groups Gymnospermae and Angiospermae, and which are substantially intermingled in stands. Also, the wood of such trees mixed together in substantial quantities (4).

(2)   A forest type in which 26-75% of the canopy is softwood (1).

**monitoring:** [contrôle]

The process of measuring and evaluating data on key variables to determine if objectives or standards are being met; the collection of serial data to evaluate trends as well as to understand how a system functions. For renewable resources, monitoring is the systematic measurement or analysis of change as with forest components or processes to determine the effects of actions on the forest inventory and how actions and effects comply with laws, regulations, policies, and executive directives, as they are expressed in objectives and standards (19).

**mortality:** [mortalité]

Death or destruction of forest trees as a result of competition, disease, insect damage, drought, wind, fire, and other factors, excluding harvesting (1).

*see also* **stand growth:** mortality

**mosaic** (Photogrammetry): [mosaïque]

An assembly of aerial photographs or images whose edges usually have been torn, or cut, and matched to form a continuous photographic representation of a portion of the earth's surface. Often called aerial mosaic (25).

**controlled:** [mosaïque contrôlée] Corrected for scale and tilt distortion by the use of ground control points. (1).

**semicontrolled:** [mosaïque semi-contrôlée] Partially corrected. (1).

**uncontrolled:** [mosaïque non contrôlée] Not corrected. (1).

**MSS:**

*see* multispectral scanner

multiphase sampling:

*see* **sampling:** multiphase

**multiresource integration:** [intégration de données variées]

The creation of a common data set consisting of one or more variables (universal data) used for two or more different resource functions. It is an attempt to record part or all of the biological and physical conditions of a site regardless of the intended uses of the resource (19).

**multispectral imagery:** [imagerie multispectrale]

Images of the same scene produced simultaneously by two or more sensors responding to different parts of the electromagnetic spectrum (1).

**Multi-Spectral Scanner (MSS):** [balayeur multispectral]

The major sensor system employed on Landsat satellites that generates spectral data in the visible and reflective regions (1).

*cf.* thematic mapper

multistage sampling:

*see* **sampling:** multistage

multistoreyed:
>   *see* **storey**

**municipal land:** [terres municipales]
>   Land that is the property of a municipality and provincial or federal crown land under the direct administration of a municipality (4).

**muskeg:** [tourbière]
>   Peatlands, swamps, and bogs supporting very limited tree growth due to excessive moisture (1).

>   **clear:** [dénudé humide]  Has a tree cover of less than 10% crown closure.

>   **treed:** [semi-dénudé humide]  Has a tree cover of at least 10% crown closure.

## - N -

**nadir point** (Photogrammetry): [point nadir]
>   The point at which a vertical line through the perspective center of the camera lens pierces the plane of the photograph (25).

net increment:
>   *see* **increment:** net

net volume:
>   *see* **volume:** net merchantable

**node** (GIS): [nœud]
>   Point where digitized segments or arcs join (2).

**node snap** (GIS): [raccordement au nœud]
>   To close a gap between the ends of two lines as at a node (2).

**nominal variable** (Statistics): [variable nominale]
>   A variable whose numbers are simply to classify or label different categories. For example, the variable "sex", is nominal since the numbers 1 and 0 can be used to denote male and female respectively (18).

nonalienated land:
>   *see* **retained land**

**noncommercial species:** [essence d'intérêt non commercial]
A tree species for which there is no current market (1).

*cf.* commercial species

**nonforest land:** [terrains non forestiers]
Land not primarily intended for growing, or not supporting, forest (1).

Includes urban parks and gardens, orchards, wooded pastures and range lands.

*cf.* forest land

**nonmetric camera:** [appareil non photogrammétrique]
A camera whose interior orientation is partially unknown (25). Incorporation of fiducial marks alone does not convert a nonmetric camera to metric.

*cf.* metric camera

nonprobability sampling:
*see* **sampling:** nonprobability

**nonreserved (forest land):** [terrain forestier non réservé]
Forest land that, by law or policy, is available for the harvesting of forest crops (1).

*cf.* reserved (forest land)

nonstocked:
*see* **stocking:** nonstocked

**normal forest:** [forêt normale]
That forest which has reached and maintains a practically attainable degree of perfection in all its parts, for the full and continued satisfaction of the objects of management. This is the classical concept against which an actual forest may be compared so as to bring out its deficiencies, particularly for sustained yield management, as regards volume of growing stock, age- or size-class distribution, and increment (12).

normal increment:
*see* **increment:** normal

normally stocked:
*see* **stocking:** normally stocked

normal yield table:
>*see* **yield table:** normal

NSR:
>*see* **stocking:** NSR

# - O -

**old growth:** [peuplement vierge]
>A stand of mature or overmature trees relatively uninfluenced by human activity (1).

operational cruise:
>*see* **inventory:** operational

operational inventory:
>*see* **inventory:** operational

optical dendrometer:
>*see* **dendrometer**

**orthogonal:** [orthogonal]
>(Remote Sensing): At right angles; rectangularly; meeting, crossing, or lying at right angles (25).

>(Statistics): Uncorrelated (1).

**orthophotograph:** [orthophotographie]
>A photograph having the properties of an orthographic projection. It is derived from a conventional photograph by simple or differential rectification so that the image displacements caused by camera tilt and relief of terrain are removed (25).

>*cf.* rectification, rubber sheeting

**orthophoto map:** [orthophotocarte]
>A controlled mosaic corrected for displacement due to tilt and relief, usually enhanced by drafting of planimetric and other features (1).

**other wooded land:** [terres forestières résiduelles]
>Land which has some forestry characteristics but is not forest as defined under "Closed forest" (31).

>Included are:

>(a)    Open woodland: Land with trees whose crowns cover about 5-20% of the area (or with a stand density of less than 20%);

59

(b)    Areas occupied by windbreaks, shelterbelts, hedgerows, and isolated groups of trees of less than 0.5 ha;

(c)    Shrub and brushland:   Land with shrubs or stunted trees covering more than about 20% of the area, not primarily used for agricultural or other nonforestry purposes, such as grazing of domestic animals.

*cf.* closed forest

**overlap:** [recouvrement]
The amount by which one image (photo) overlaps another (1).

**forward:** [recouvrement longitudinal]  Overlap along the flight line. Frequently used synonymously with overlap.

**lateral:** [recouvrement latéral] Overlap between flight lines.

Both forward and lateral overlap are generally expressed as a percentage of either dimension of the photo.

**overlay:** [recouvrement]
In conventional mapping, the registration of one map with another to show combinations of mapped features (e.g. a forest cover map and a soils map).  Overlays can include a thematic map and the superimposition of property boundaries, grids, blocks or any other division of the area.  Multiple overlays are possible.  The computer analog of overlays is the superimposition of geocoded data and labels with emphasis on analysis and retrieval of specific combinations of data of interest.  Computer-based overlaying is one means of updating the database following changes (2).

**overmature:** [suranné]
In even-aged management, those trees or stands past the mature stage (1).

*cf.* mature

overstocked:
*see* **stocking:** overstocked

overstorey:
*see* **storey**

**overtopped:**
*see* **crown class:** suppressed

**parallax** (Photogrammetry): [parallaxe]
The apparent displacement of the position of a body, with respect to a reference point or system, caused by a shift in the point of observation (25).

**absolute:** [parallaxe absolue] The algebraic difference, parallel to the air base, of the distances of the two images of an object from their respective principal points (1).

**differential:** [parallaxe différentielle] The difference between two absolute parallax values. Customarily used in determination of the difference in elevation (e.g., height) of objects (1).

**photo:** [parallaxe stéréoscopique] Results when the camera position is moved between consecutive overlapping photos (1).

**parallax bar:** [barre parallaxe]
A bar-shaped micrometer used with a stereoscope to measure parallax (1).

Used to calculate tree heights and other differences in elevation.

**parameter:** [paramètre]
A quantity or item of information which is used in a mathematical calculation, subroutine, or program, and which can be given a different value each time (6).

**partial cutting:** [coupe partielle]
Tree removal other than clearcutting, i.e., taking only part of a stand (4).

**high-grading:** [coupe d'écrémage] A type of harvest cutting that removes only certain species above a certain size or of high value. Known silvicultural requirements and/or sustained yields being wholly or largely ignored or found impossible to fulfill (13).

**seed-tree:** [coupe d'arbres avec resèrve de semenciers] An even-aged silvicultural system in which an area is cut clear except for certain trees called seed trees. These are left standing singly or in groups to furnish seed for natural restocking of the cleared area (13).

**selection:** [coupe sélective] An uneven-aged silvicultural system in which trees are removed individually or in small groups continuously at relatively short intervals. By this means there is constant renewal of a forest crop (13).

**shelterwood:** [coupe progressive]  Any harvest cutting of a more or less regular and mature crop, designed to establish a new crop under the protection (overhead or side) of the old (13).

**single-tree selection cutting:**  [coupe sélective par arbre]  A silvicultural cutting in the selection method of silvicultural cutting in which each little even-aged component of the uneven-aged stand occupies the space created by the removal of a single mature individual or exceedingly small clumps consisting of several such trees.  The development of reproduction in the very small, scattered openings thus created is the main characteristic of the method (4).

partially stocked:
> *see* **stocking:** partially stocked

peatlands:
> *see* **muskeg**

periodic annual increment:
> *see* **increment:** periodic annual

**peripheral** (Computer Science): [périphérique]
> Any input, output and storage device which can be operated under computer control; printers, plotters, digitizers, tape drives and disk drives are examples (6).

permanent plot:
> *see* **sample plot:** sample unit

**photo base** (Photogrammetry): [base photographique]
> The length of the air base as represented on a photograph.  The distance between the principal points of two adjacent prints of a series of vertical aerial photographs (25).

photo coverage:
> *see* **coverage**

**photogrammetry:** [photogrammétrie]
> The art, science and technology of obtaining reliable information about physical objects and the environment, through processes of recording, measuring, and interpreting images and patterns of electromagnetic radiant energy and other phenomena (24).

photograph nadir:
> *see* **nadir point**

**photo interpretation:** [photo-interprétation]

The detection, identification, description, and assessment of significance of objects and patterns imaged on a photograph (25).

**photo map:** [photocarte]

A single air photo or a mosaic showing grid coordinates and other marginal information (1).

*cf.* orthophoto

**phototyping:** [tracé des contours]

The delineation and labelling of natural or cultural features on aerial photos (1).

*cf.* forest typing

**pitch:** [tangage]

(1) Air Navigation: A rotation of an aircraft about the horizontal axis normal to its longitudinal axis so as to cause a nose-up or nose-down attitude.

(2) Photogrammetry: A rotation of the camera, or of the photograph-coordinate system, about either the photograph y axis or the exterior Y axis; tip or longitudinal tilt. In some photogrammetric instruments and in analytical applications, the symbol phi ($\phi$) may be used (25).

**pixel** (Remote Sensing): [pixel]

The smallest, most elementary areal constituent of an image (also called a Resolution Cell (1).

Comparable to one of the many dots making up the picture on a TV screen. Acronym for Picture Element.

**planimetric map:** [carte planimétrique]

A map showing correct horizontal positions of features represented (3).

*cf.* topographic map

**plantation:** [plantation]

A forest crop established artificially, either by sowing or planting (10).

**planting:** [plantation]

Establishing a forest by setting out seedlings, transplants, or cuttings in an area (13).

**platform** (Remote Sensing): [plate-forme]
> The objects, structure, vehicle, or base upon which a remote sensor is mounted (25).

**plot:**
> *see* **sample plot**

**plotter:** [table à tracer]
> Graphics output device; plotters are drawing machines that draw lines with ink pens. Plotters require that the picture image is coded in vector graphics format (point-to-point). Flatbed plotters limit the overall size of the drawing to the fixed height and width of the "bed" onto which the paper is placed for drawing. Flatbed plotters draw by moving the pen in both horizontal and vertical axes. Drum plotters limit the size to one side only (size of the drum), but not the other, since the paper is continuously moved like a standard printer. Drum plotters draw by moving the pen along one axis and the paper along the other (14).

> *cf.* stereoscopic plotter

**plotless cruising:**
> *see* **point sampling**

**point sample:** [point d'échantillonnage]
> A sample unit or element in which trees are selected for inclusion from a point, with probability proportional to their basal areas (1).

> Used as an alternative to the fixed-area plot. Has no fixed boundary. Trees are selected for inclusion in the point sample with an angle gauge.

> *cf.* basal area factor, sample plot

**point sampling:** [échantillonnage par placettes circulaires à rayon variable]
> A method of selecting trees for measurement, and for estimating stand basal area, at a sample location or point sample (1).

> Also called plotless cruising, angle count method, Bitterlich Method. In point sampling a 360° sweep is made with an angle gauge about a fixed point and the stems whose breast height diameters appear larger than the fixed angle subtended by the angle gauge are included in the sample.

**point transfer device** (Photogrammetry): [transfert de point]
> A stereoscopic instrument used to mark corresponding image points on overlapping photographs (25).

polyareal sample:
 *see* **point sample**

**polygon** (GIS): [polygone]
 A stream of digitized points approximating the delineation (perimeter) of an area (forest type) on a map. Polygons often are comprised of line segments or arcs which join at nodes to produce a polygon (2).

**population** (Statistics): [population]
 The aggregate from which the sample is chosen (1).

 In forest inventories, the population is usually a forested area for which information is required.

**position:** [position]
 The location of a point with respect to a reference system, such as a geodetic datum. The coordinates which define such a location. The place occupied by a point on the surface of the earth (25).

**precision** (Statistics): [précision]
 The variability of a series of sample estimates: the difference between a sample estimate and the estimate obtained from a complete enumeration using the same method and procedures (1).

 Generally, random deviation from the sample mean. The mean square error (MSE), a measure of accuracy, illustrates the relationship with precision and bias:

$$\text{MSE} = (\text{precision})^2 + (\text{bias})^2$$

 The precision or sampling error is usually expressed as the standard error (s.e.) of the sample estimate, either absolutely or as a percentage of the estimate.

 *cf.* bias, mean square error

**principal components transformation** (Remote Sensing, Statistics): [transformation en composantes principales]
 The representation of data into a new, uncorrelated (orthogonal) coordinate system or vector space. It produces in multidimensional space, a data set which has most variance along its first axis, the next largest variance along a second mutually orthogonal axis and so on (24). The derived components are linear combinations of the original variables.

**prism:** [prisme]

An optical instrument used as an angle gauge, consisting of a thin wedge of glass which establishes a fixed (critical) angle of projection in a point sample (1).

*cf.* angle gauge, basal area factor, point sample, point sampling

prism plot:
*see* **point sample**

**private land:** [terrain privé]

Land that is not the property of the Crown (1).

*cf.* Crown land

**processing:** [traitement]

(1) The operation necessary to produce negatives, diapositives, or prints from exposed film, plates, or papers.

(2) The manipulation of data by means of a computer or other device (25).

productive forest land:
*see* **forest land**

**productivity:** [productivité]

The rate of production of wood of given specifications, by volume or weight, for a given area (1).

*cf.* site capability

productivity class:
*see* **site capability class**

projector:
*see* **reflecting projector**

property survey:
*see* **cadastral survey**

**protection forest:** [forêt de protection]

All forest land managed primarily to exert beneficial influence on soil, water, landscape, or for any other purpose when production of merchantable timber, if any, is incidental (21).

provincial land:
    *see* **crown land**

public land:
    *see* **crown land**

**pulpwood:** [bois à pâte]
    Trees that will yield logs suitable in size and quality for the production
    of pulp: the logs of such trees (1).

    *cf.* firewood, fuelwood

# - Q -

**quadrat:** [quadrat]
    A small plot or sample area, frequently 1 m$^2$ or 4 m$^2$ in size used in
    regeneration studies (1).

quadratic mean diameter:
    *see* **diameter:** quadratic mean

quotient:
    *see* **form quotient**

# - R -

radar altimeter:
    *see* **altimeter:** radar

**radial** (Photogrammetry): [radial]
    A line or direction from the radial center to any point on a photograph.
    The radial center is assumed to be the principal point (centre of the
    photograph), unless otherwise designated (25).

**radial line plotting:** [restitution par triangulation radiale]
    A method of triangulation, analytic or graphic, used to locate points on
    vertical or near vertical aerial photos in their correct position relative
    to each other (1).

**range land:** [pâturage forestier]
    Land not under cultivation which produces forage suitable for grazing
    of livestock (26).

    Includes forest land producing forage.

**raster** (GIS): [trame]

(1) The scanned (illuminated) area of a cathode ray tube (30).

(2) Data that comprise a set of pixels arranged on rectangular grid centres (24).

**reconnaissance inventory:**

*see* **inventory:** reconnaissance

**record** (Computer Science): [registre]

A collection of related data treated as a logical unit. In this format, one block may contain one or more records on the magnetic tape (27).

**rectification** (Remote Sensing): [redressement]

The transformation of an aerial photograph to an horizontal plane to remove displacement caused by tilt, and conversion to a desired scale (25).

*cf.* orthophotograph, rubber sheeting

**reflectance:** [réflectance]

A measure of the ability of a surface to reflect energy; specifically the ratio of the reflected energy to the incident energy. Reflectance is affected not only by the nature of the surface itself, but also by the angle of incidence and the viewing angle (29).

**reflecting projector:** [projecteur vertical]

An optical image transfer device which is used to project the image of photographs, images, or on occasion, maps onto a copying table (25).

**regeneration:** [régénération]

The renewal of a forest crop by natural or artificial means. Also the new crop so obtained (10).

The new crop is generally less than 1.3 metres in height.

**regeneration class:** [classe de régénération] The area, and the young trees in the area, being managed during the regeneration interval in the shelterwood silvicultural system. In this interval old and young trees occupy the same area, young being protected by the old (21).

**regeneration initiation:** [établissement de la régénération] The year in which the new crop is deemed to be started at an acceptable stocking level whether by planting, natural or artificial seeding, or by vegetative means (21).

**regeneration interval:** [durée de régénération] The period between the first cut and the final cut on a particular area under one of the shelterwood systems (21).

**regeneration period:** [période de régénération] The period of time from the removal of the forest cover to re-establishment (1).

regional inventory:
    *see* **inventory:** regional

**regression** (Statistics): [régression]
    A method of analysis employing least squares to examine data, and to draw meaningful conclusions about dependency relationships (i.e., extent, direction, strength) that may exist with single or multiple independents (9, 18).

**reinventory:** [inventaire de rappel]
    Remeasurement of an entire survey area to replace an inventory in its entirety (19).

**relascope:** [rélascope]
    An angle gauge, used in point sampling, in which bands of different widths are viewed through an eyepiece, resulting in different angles of projection (1).

    The relascope has other scales and may be used for other purposes, e.g., the estimation of tree heights.

    *cf.* prism, point sampling, telerelascope

relief displacement:
    *see* **displacement:** relief

**remote sensing:** [télédétection]
    (1) In the broadest sense, the measurement or acquisition of information of some property of an object or phenomenon, by a recording device that is not in physical or intimate contact with the object or phenomenon under study; e.g., the utilization at a distance (as from aircraft, spacecraft, or ship) of any device and its attendant display for gathering information pertinent to the environment, such as measurements of force fields, electromagnetic radiation, or acoustic energy. The technique employs such devices as the camera, lasers, and radio frequency receivers, radar systems, sonar, seismographs, gravimeters, magnetometers, and scintillation counters.

    (2) The practice of data collection in the wavelengths from ultraviolet to radio regions (25).

representative fraction:
*see* **scale**

reproduction:
*see* **regeneration**

reproductive period:
*see* **regeneration period**

**reserved (forest land):** [terrain forestier réservé]
Forest land that, by law or policy, is not available for the harvesting of forest crops (4).

*cf.* nonreserved (forest land)

**resolution:** [résolution]
A measure of the ability of a remote sensing system to reproduce an isolated object or to separate closely spaced objects or lines (1).

Usually expressed in number of lines per mm.

resource inventory:
*see* **inventory:** regional

**retained (forest land):** [terrain forestier retenue]
Crown-owned forest land under the direct, immediate control of the crown (1).

*cf.* assigned land

**roll:** [roulis]
(1) Air Navigation: A rotation of an aircraft about its longitudinal axis so as to cause a wing-up or wing-down attitude.

(2) Photogrammetry: A rotation of a camera or a photograph-coordinate system about either the photograph x axis or the exterior X axis. May be designated by the symbol omega ($\omega$) (25).

**rot:** [pourriture]
The decomposition of wood by fungi (1).

Unlike stain, causes a softening and loss of wood. Types of rot: brown, butt, dry, heart, marginal, mottled, pocket, red, ring, root, sap, spongy, stringy, top, trunk, water-conducting, wet, white. Classified as a defect.

**rotation:** [révolution]
   The period of years required to establish and grow even-aged timber crops to a specified condition of maturity (1).

**roundwood:** [bois rond]
   Sections of tree stems, with or without bark (1).

   Includes logs, bolts, posts, pilings, and other products still "in the round."

**rubber sheeting** (GIS): [correction géométrique par membrane élastique]
   The fitting of slightly distorted data such as on an air photo to its counterpart on a map. One of several computer-based transformations can produce a mathematical analog of fitting commonly done by projectors (2).

   *cf.* rectification, orthophotograph


## - S -


**salvage cuttings:** [coupes de récupération]
   Cuttings made primarily to remove trees that have been or are in imminent danger of being killed or damaged by injurious agencies other than competition between trees (13).

**sample:**
   *v*: [échantillonner]  To select sample units and measure or record information contained therein to obtain estimates of population characteristics (1).

   *n*: [échantillon] A subset of one or more of the sample units into which the population is divided, selected to represent the population and examined to obtain estimates of population characteristics (1).

   **random:** [échantillon aléatoire]  A sample whereby each possible sample has the same probability of being selected and measured (28).

   **stratified:** [échantillon stratifié]  A sample selected for a population that has been stratified, i.e., divided into parts. The process of stratification is usually undertaken by dividing the survey area into subareas on a map or through interpretation and classification of points from remote sensing imagery (19).

   **systematic:** [échantillon systématique] A sample that is obtained by a systematic method as opposed to random choice, for example, making observations at equally spaced intervals on the ground (19).

**sample frame:** [limites de l'échantillon]
>  The total population of possible sample units or plots within a survey area. A frame may be a listing of all pastures within a range allotment, all stands within a forest, all pixels within a Landsat scene, all possible 0.1-hectare plots within a big-game winter range, etc. (19).

**sample plot:** [place-échantillon]
>  A sample unit or element of known area and shape (1).

>  *cf.* sample unit

**sample size:** [taille de l'échantillon]
>  The number of sample units established in a given area (19).

sample strip:
>  *see* **cruise strip**

**sample unit:** [unité d'échantillonnage]
>  One of the specified parts into which the population has been divided for sampling purposes (1).

>  Each sample unit commonly consists of only one sample element which may be a sample plot, a point sample, or a tree. If the sample unit contains more than one sample element, it is termed a cluster. In probability sampling, the sample units are selected independently of each other while the sample elements within a sample unit (cluster) are not.

>  *cf.* sample plot, cluster

>  **permanent:** [unité d'échantillonnage permanente] Designed for remeasurement.

>  **temporary:** [unité d'échantillonnage temporaire] Designed for measurement on one occasion only.

**sampling:** [échantillonnage]
>  The selection of sample units from a population and the measurement and/or recording of information contained therein, to obtain estimates of population characteristics (1).

>  **multiphase:** [échantillonnage à phase multiple] A selection of sample units whereby a large sample to estimate a population characteristic for some auxiliary variable is taken, and a small sample is selected to establish the relationship between the auxiliary variable, and the primary variable of interest (30). For example, double sampling or two-phase sampling.

**multistage:** [échantillonnage étagé] A method of sampling within sample units or subsampling, to estimate characteristics rather than measuring the entire sample unit. This presupposes that the sample units are clusters or aggregations of some more basic elements which are of interest (30). For example, two-stage sampling.

**nonprobability:** [échantillonnage non probabiliste] Where sample units are not drawn with a known probability (1).

**probability:** [échantillonnage probabiliste] Where sample units are drawn with a known probability and thus amenable to statistical inference and analysis (1).

**sampling design:** [définition de l'échantillonnage]
The method to determine which sample units will be measured or observed such as a systematic sample or stratified sample (19).

sampling error:
*see* **precision**

**sampling intensity:** [intensité de l'échantillonnage]
The number of samples taken per unit area (19).

sampling unit:
*see* **sample unit**

**sanitation measures:** [mesures sanitaires]
The removal of (i) dead, damaged, or susceptible trees or their parts, or (ii) other vegetation that serves as alternate host for crop tree pathogens, essentially to prevent or control the spread of pests or pathogens (13).

**sapling:** [gaule]
A young tree having a diameter at breast height greater than 1 cm but less than the smallest merchantable diameter (1).

satisfactorily stocked:
*see* **stocking**; satisfactorily stocked

**sawtimber:** [bois de sciage]
Trees that will yield logs suitable in size and quality for the production of lumber (26).

**scale** (Remote Sensing, Mapping): [échelle]
The relationship between a distance on a map, photo, or image and the corresponding distance on the ground (1).

Generally given as a pure ratio or representative fraction, e.g. 1:50 000 but may also be a statement relating map to ground units, e.g., 1 cm: 500 m.

Certain terms are used loosely to describe scale ranges. The following definitions are used generally but are not exact:

| | | |
|---|---|---|
| very large scale | (VLS) | $\leq$1:500 |
| large scale | (LS) | 1:500 - 1:10 000 |
| medium scale | (MS) | 1:10 000 - 1:50 000 |
| small scale | (SS) | 1:50 000 - 1:100 000 |
| ultra small scale | (USS) | $\geq$1:100 000 |

(Mensuration):

$n$: [mesurage] The measured or estimated quantity, expressed as the volume, area, length, mass or number of products, obtained from trees and measured or estimated after they are felled (5).

$v$: [réceptionner une coupe] To measure or estimate the quantity, expressed as the volume, area, length, mass or number of products, obtained from trees and measured or estimated after they are felled (5).

**scale bar:** [échelle graphique]
A scaled line in the legend of a map, graduated in equivalent ground distances (1).

**scan line** (Remote Sensing): [ligne de scannage]
The strip on the ground that is swept by the instantaneous field of view of a detector in a scanner system (7).

*cf.* instantaneous field of view

**scarification:** [scarification]
A method of seedbed preparation which consists of removing the forest floor or mixing it with the mineral soil by mechanical action to eliminate or reduce the dead organic material (4).

**scrub:** [broussailles]
Inferior growth consisting chiefly of small or stunted trees and shrubs (10).

seed tree cutting:
    *see* **partial cutting:** seed tree

**seeding:** [ensemencement]
**broadcast:** [ensemencement à la volée] The sowing of seeds more or less evenly over a whole area on which a forest stand is to be raised (13).

74

**direct:** [ensemencement direct] The artificial systematic sowing of seeds in an area by manual or mechanical means (13).

**drill:** [ensemencement de labours] The sowing of seeds in shallow furrows across a whole area on which a forest stand is to be raised (13).

**spot:** [ensemencement en espaces dispersés] The sowing of seeds within small, cultivated, or otherwise prepared patches, many of which are distributed over a whole area on which a forest stand is to be raised (13).

**seedling:** [semis]
A young tree having a diameter at breast height equal to or less than 1 cm (1).

**segment** (Computer Science, GIS): [partition]
In the context of records, a segment is a subdivision of a record. A segment contains one or more fields. For polygons, a segment is a line defined by two points (27).

selection cutting:
*see* **partial cutting:** selection

**sensor:** [capteur]
Any device that gathers energy (e.g., electromagnetic energy), and converts it into a signal and presents it in a form suitable for obtaining information about the environment (17).

**active:** [capteur actif] Records the reflection of the electromagnetic energy it emits, e.g., Radar (1).

**passive:** [capteur passif] Records emitted and/or reflected electromagnetic energy from sources other than itself (1).

shelterwood cutting:
*see* **partial cutting:** shelterwood

**SHORAN:** [SHORAN]
An electronic measuring system for indicating distance from an airborne station to each of two ground stations. The term is an acronym for the phrase "SHOrt RAnge Navigation" (25).

sidelap:
*see* **overlap:** lateral

**side-looking airborne radar (SLAR):** [radar aéroporté à vision latérale]
>A radar system using a stabilized antenna oriented at right angles to the aircraft's flight path (25).

**single storeyed:**
>*see* **storey**

**single-tree selection cutting:**
>*see* **partial cutting:** single-tree selection cutting

**site:** [site]
>The complex of physical and biological factors for an area which determines what forest or other vegetation it may carry (10).

>Sites are classified either qualitatively by the climate, soil and vegetation or quantitatively by relative productive capacity.

**site capability:** [potentiel du site]
>The mean annual increment in mercantable volume which can be expected for a forest area, assuming it is fully stocked by one or more species best adapted to the site, at or near rotation age (1).

>Expressed in cubic metres per hectare.

>*cf.* productivity

**site capability class:** [classe de potentiel du site]
>Any interval into which the site capability range is divided for purposes of classification and use (1).

>*cf.* site class

**site class:** [classe de qualité de station]
>Any interval into which the site index range is divided for purposes of classification and use (1).

>*cf.* site capability class

**site index:** [indice de qualité de station]
>An expression of forest site quality based on the height, at a specified age, of dominant and codominant trees in a stand (1).

>May be grouped into site classes. Expressed in metres. Usually refers to a particular species.

>*cf.* site

**site index class:**
>*see* **site class**

**site preparation:** [préparation de terrain]
Disturbance of an area's topsoil and ground vegetation to create conditions suitable for regeneration (13).

site productivity:
*see* **site capability**

**site quality:** [qualité de station]
A measure of the relative productive capacity of a site for one or more species (1).

*cf.* site index, site capability

**sketch mapping:** [esquisse cartographique]
Flying over preplanned flight lines with an aerial observer transferring visually-observed information (e.g., stocked/nonstocked areas, damaged areas) onto maps (15).

**slash:** [débris de coupe]
The residue left on the ground after felling, tending and/or accumulating there as a result of storm, fire, girdling or poisoning, including unused logs, uprooted stumps, broken and uprooted stems, etc. (26).

*cf.* forest biomass, brush

**smoothing** (GIS): [lissage]
The elimination of jagged lines in a polygon by averaging or curve-fitting techniques (2).

**snag:** [chicot]
A standing dead tree or portion thereof, from which most of the branches have fallen (26).

snap closure:
*see* **node snap**

**software:** [logiciel]
A set of computer programs, procedures, and possibly associated documentation concerned with the operation of a data processing system (25).

**softwood(s):** [résineux]

(1)    Cone-bearing trees with needle or scale-like leaves belonging to the botanical group Gymnospermae. Also, stands of such trees and the wood produced by them (1).

(2) A forest type in which 76-100% of the canopy is softwood (1).

spacing:
> *see* **thinning:** spacing

**spatial database** (GIS): [base de données spatiales]
A collection of interrelated geographically referenced data stored without unnecessary redundancy to serve multiple applications as part of a geographic information system (11).

*cf.* geographic information system, geographically referenced

**spectral band** (Remote Sensing): [bande spectrale]
Also called wavelength band, it is a distinct, well-defined range of wavelengths in the elecetromagnetic spectrum that detectors in a remote sensing system are sensitive to (29). For example, band 2 of the Landsat MSS is sensitive from 500-600 nanometers.

**spectral reflectance curve** (Remote Sensing): [courbe de réflectance spectrale]
Is the particular spectral characteristic at specified wavelength intervals of objects such as vegetation and water. Often called spectral signature (7, 29).

spiegel relascope:
> *see* **relascope**

spot seeding:
> *see* **seeding:** spot

**stagnant:** [stagnant]
Of stands whose growth and development have all but ceased due to poor site and/or excessive stocking (1).

**stain:** [tache colorée]
A discolouration of wood not affecting its soundness (1).

Caused primarily by fungi and chemicals. Names commonly given to different types of stain are: blue, chemical, brown, fungous brown, interior sap, iron-tannate, log, mineral, sap, sticker, water, weather, wound.

**stand:** [peuplement]
>A community of trees possessing sufficient uniformity in composition, age, arrangement or condition to be distinguishable from the forest or other growth on adjoining area, thus forming a silvicultural or management entity (1).

**standard deviation** (Statistics): [écart-type]
>Square root of variance and an important measure of the amount of variation (also spread or dispersion) in a sample of a population, in the same units as the sample (28).

>*cf.* variance

**standard error of estimate** (Statistics): [erreur-type d'une estimation]
>Also called root mean square error, it is an expression for the accuracy of a single observation (7), and is frequently associated with regression analysis.

>*cf.* mean square error

**standard error of the mean** (Statistics): [écart-type de la moyenne]
>It is a measure of variation (standard deviation) among a sample mean and used in the computation of confidence limits (28).

**standardization:** [standardisation]
>The act of bringing items into conformity with quantitative or qualitative criteria commonly used and accepted as authoritative (19).

standard volume table:
>*see* **volume table:** tree, standard

**stand density:** [densité de peuplement]
>(1) A quantitative measure of tree cover on an area in terms of biomass, crown closure, number of trees, basal area, volume or weight. In this context, "tree cover" includes seedlings and saplings, hence the concept carries no connotation of a particular age. Expressed on a per hectare basis (1).

>(2) The percentage of the horizontal surface of forest land that is covered by the projection of crowns of merchantable tree species of any age. This can be determined from aerial photographs or by plots measured on the ground. The percentage values may be grouped into classes according to regional or local usage (1).

>*cf.* stocking

**stand density index:** [indice de densité de peuplement]
Any index for evaluating stand density such as those of Lexen, Mulloy, Reinecke (1).

**stand growth:** [croissance de peuplement]
When expressed in terms of volume, stand growth terms can be defined by the following equations (16).

$$G_g = V_2 + C - I - V_1$$
$$G_{g+i} = V_2 + M + C - V_1$$
$$G_n = V_2 + C - I - V_1$$
$$G_{n+i} = V_2 + C - V_1$$
$$G_d = V_2 - V_1$$

where
$G_g$ = gross growth of initial volume
$G_{g+i}$ = gross growth including ingrowth
$G_n$ = net growth of initial volume
$G_{n+i}$ = net growth including ingrowth
$G_d$ = net increase
$V_1$ = stand volume at beginning of growth period
$V_2$ = stand volume at end of growth period
$M$ = mortality volume (see mortality)
$C$ = cut volume (see cut)
$I$ = ingrowth (see ingrowth)

**accretion:** [accélération de croissance] Gross growth of initial volume when calculated using M and C to represent the volume of M and C trees at the time of their death and cutting (16).

**cut:** [coupe] The volume or number of trees periodically felled or salvaged, whether removed from the forest or not (16).

**ingrowth:** [recrue] The volume or number of trees that have grown into a measured category during a specified period (1). For example, saplings which have grown into a merchantable diameter class.

**mortality:** [mortalité] The volume or number of trees periodically dying from natural causes (16).

**survivor growth:** [accroissement des survivants] Gross growth of initial volume when calculated using M and C to represent the volume of M and C trees at the time of the first measurement - i.e., the initial volume of M and C trees (16).

stand height:
*see* **height:** stand

**stand table:** [table de peuplement]

A summary table showing the number of trees per unit area by species and diameter classes, for a stand or type (1).

The data may also be presented in the form of a frequency distribution of diameter classes.

stand type:

*see* **forest type**

**statistically valid design:** [conception statistiquement valable]

A design in which sample units are chosen that are representative of the population, utilize objective observations, and permit the calculation of sampling error (19).

**stem:** [tige]

The principal axis of a plant from which buds, shoots and branches are developed (10).

In trees, it may extend to the top of the tree as in some conifers, or it may be lost in the ramification of the crown, as in most deciduous trees.

*cf.* bole

stem diameter class:

*see* **diameter class**

**stereo:** [stéréo]

(1) Contracted or short form of stereoscopic.

(2) The orientation of photographs when properly positioned for stereoscopic viewing. Photographs so oriented are said to be "in stereo" (25).

*cf.* **coverage:** stereo(scopic)

stereocomparator:

*see* **stereometer**

**stereogram:** [stéréogramme]

A set of photos correctly oriented and mounted for stereoscopic viewing (22).

**stereometer:** [stéréomètre]

A stereoscope with special attachments for measuring parallax (1).

**stereoscope:** [stéréoscope]
A binocular instrument used to view overlapping aerial photos as a three dimensional model (1).

**stereoscopic:**
*see* **stereo**

**stereoscopic coverage:**
*see* **coverage:** stereo(scopic)

**stereoscopic plotter:** [stéréorestituteur]
An optical image transfer device used to transfer stereoscopic images to a base map by radial line plotting, by superimposition of photo and map images, and by floating marks attached to drafting devices (1).

*cf.* plotter

**stereoscopy:** [stéréoscopie]
The science and art that deals with the use of binocular vision for observation of a pair of overlapping photographs or other perspective views, and with the methods by which such viewing is produced (25).

*cf.* coverage: stereo(scopic)

**stocked forest land:** [terrain forestier boisé]
Land supporting tree growth (1).

In this context, tree growth includes seedlings and saplings.

**stocking:** [densité relative]
A qualitative expression of the adequacy of tree cover on an area, in terms of crown closure, number of trees, basal area or volume, in relation to a preestablished norm.

In this context, "tree cover" includes seedlings and saplings, hence the concept carries no connotation of a particular age.

Stocking may be described in regionally or locally developed classes, or as a percentage of regional or local normal standards which vary according to site specific conditions (1).

*cf.* stand density

**fully stocked:** [densité relative adequate] Productive forest land stocked with trees of merchantable species. These trees by number and distribution or by average dbh, basal area, or volume are such that at rotation age they will produce a timber stand that occupies the potentially productive ground. They will provide a merchantable timber yield according to the site potential of the land. The stocking, number of trees and distribution required to achieve this will be determined from regional or local yield tables or by some other appropriate method (1).

**nonstocked:** [densité relative nulle] Productive forest land that lacks trees completely or that is so deficient in trees, either young or old, that at the end of one rotation, the residual stand of merchantable tree species, if any, will be insufficient to allow utilization in an economic operation (1).

**normally stocked:** [densité relative normale] Productive forest land covered with trees of merchantable species of any age. These trees, by number and distribution, or by average dbh, basal area or volume, are such that at rotation age they will produce a timber stand of the maximum merchantable timber yield. This yield must satisfy the site potential of the land as reported by the best available regional or local yield tables. For stands of less than rotation age, a range of stocking classes both above and below normal may be predicted to approach and produce a normal stocking at rotation age and may therefore be included. This is because greater or lesser mortality rates will occur in over- or understocked stands as compared to those in a normal stand (1).

**NSR** (not sufficiently or satisfactorily restocked or regenerated): [régénération incomplet] Inadequate stocking. Productive forest land that has been denuded and has failed partially or completely to regenerate naturally or to be artificially regenerated. The regeneration must contain a minimum number of well-established, healthy trees free-to-grow, sufficient to produce a merchantable timber stand at rotation age (1).

**overstocked:** [densité relative excessive] Productive forest land stocked with more trees of merchantable species than normal or full stocking would require. Growth is in some respect retarded and the full number of trees will not reach merchantable size by rotation age according to the regional or local yield or stock tables for the particular site and species (1).

**partially stocked:** [densité relative partielle] Productive forest land stocked with trees of merchantable species insufficient to utilize the complete capacity of the potential of the land for growth such that growth of the trees will fail to utilize the whole growing site by rotation age without additional stocking. Explicit definition in stems per hectare, crown closure, relative basal area, etc. is locally or regionally defined and is site-specific (1).

**satisfactorily stocked:** [densité relative satisfaisante] Productive forest land that has been regenerated naturally or artificially to at least a minimum number of well-established, healthy trees of merchantable species that are free-to-grow and sufficient to produce a merchantable timber stand at rotation age (1).

**unsurveyed stocking:** [densité relative indéterminée] Land classified as productive forest land which has not been surveyed on the ground or interpreted from aerial photographs as to stocking or stand density that may or may not bear merchantable forest tree species (1).

**stock table:** [table de stock]
A summary table showing the volume of trees per unit area by species and diameter classes, for a stand or type (1).

**storey:** [étage]
A horizontal stratum or layer in a plant community; in forests, appearing as one or more canopies (12).

A forest having more than two storeys is called Multistoreyed.

A forest having one storey (the main storey) is called Single Storeyed.

A forest having two storeys (the Overstorey and the Understorey) is called Two Storeyed.

strata:
    *see* **stratum**

**stratum:** [strate forestière]
A subdivision of a forest area to be inventoried (1).

The division of a population into strata (stratification) is usually done to obtain separate estimates for each stratum.
*pl.* strata

**strip cut:** [coupe par bande]
A clearcut where the cut areas are in strips or blocks (21).

strip plot:
    *see* **cruise strip**

stump height
    *see* **height:** stump

stump age:
    *see* **age:** stump

**subcompartment:** [sous-parcelle]
A temporary subdivision of a compartment differentiated for separate treatment (21).

**subpopulation:**
*see* **stratum**

**supervised classification:**
*see* **classification:** supervised

**survey:** [relevé]
The act or operation of making measurements for determining the relative positions of points on, above, or beneath the earth's surface; also, the results of such operations; also, an organization for making surveys (24).

**aerial:** [relevé aérien] A survey using aerial photographs as part of the surveying operation; also, the taking of aerial photographs for surveying purposes.

**ground:** [relevé au sol] A survey made by ground methods, as distinguished from an aerial survey. A ground survey may or may not include the use of photographs.

**photogrammetric:** [relevé photogrammétrique] A method of surveying that uses either ground photographs or aerial photographs.

**survey area:** [superficie relevée]
The entire land base for which information is sought, i.e., allotment, forests, Landsat scene, or winter range. The area for which information will be summarized and analyzed and upon which predictions and decisions will be made. It is the aggregate of land area from which sampling units are chosen (also called inventory or survey unit) (19).

**survivor growth:**
*see* **stand growth:** survivor growth

**swamp:**
*see* **muskeg**

**swing:** [oscillation]
A rotation of a photograph in its own plane around the photograph perpendicular from some reference direction (such as the direction of flight). May be designated by the symbol kappa (κ). Also, the angle at the principal point of a photograph which is measured clockwise from the positive y axis to the principal line at the nadir point (25).

*cf.* nadir point, yaw

**synthetic aperture radar (SAR):** [radar à antenne synthétique (RAS)]
A side-looking airborne or space borne imaging system that uses the doppler principle to sharpen the effective beam width of the antenna. The result is improved resolution in the azimuth direction (direction of vehicle travel) and constant resolution in the range direction (direction of radar to target). The radar backscatter is recorded on tape or on film and must be digitally or optically processed to form radar images (23).

## - T -

**tally:**
*n*: [pointage] A record of the number of units counted or measured, by one or more classes (1).

*v*: [décompter] To record the number of units counted or measured by one or more classes (1).

**tape:** [galon à mesurer]
An instrument for making linear measurements (1).

*cf.* diameter tape

**taper:** [défilement]
The decrease in thickness, generally in terms of diameter, of a tree stem or log from the base upwards (26).

**target:** [cible]
The distinctive marking or instrumentation of a ground point to aid in its identification on a photograph. In photogrammetry, target designates a material marking so arranged and placed on the ground as to form a distinctive pattern over a geodetic or other control-point marker, on a property corner or line, or at the position of an identifying point above an underground facility or feature. A target is also the image pattern on aerial photographs of the actual mark placed on the ground prior to photography (25).

**telerelascope:** [télérelascope]
A relascope coupled with enlarging optics, designed for use as a dendro-meter (1).

*cf.* relascope, dendrometer

**template** (Photogrammetry): [gabarit]
A graphical representation of a photograph; a template records the directions, or radials, taken from the photograph (25).

**hand:** [papier calque] A template made by tracing the radials from a photograph onto a transparent medium, as on sheet plastic; hand templates are laid out and adjusted by hand to form the radial triangulation.

**slotted:** [plaque à fente] A template on which the radials are represented as slots cut in a sheet of cardboard, metal, or other material.

temporary sample unit:
*see* **sample unit**

**thematic mapper (TM):** [cartographe thématique]
A scanner having more spectral, radiometric and geometric sensitivity than its predecessors, part of the payload of Landsat satellites since Landsat 4 (1).

*cf.* multispectral scanner

**thinning:** [éclaircie]
A cutting made in an immature crop or stand in order primarily to accelerate diameter increment but also, by suitable selection, to improve the average form of the trees that remain (12).

**commercial:** [éclaircie commercialisable] Any type of thinning producing merchantable material at least to the value of the direct costs of harvesting (12).

**precommercial:** [éclaircie précommerciale] Any type of thinning which does not produce merchantable material of value at least equal to the direct costs of the operation (12).

**row:** [éclaircie en rangée] A thinning in which the trees are cut out in lines or narrow strips at fixed intervals throughout a stand (4).

**spacing:** [éclaircie par espacement] A thinning in which trees at fixed intervals of distance are chosen for retention and all others are cut (4).

**tilt** (Remote Sensing): [inclinaison]
In vertical aerial photography, the deviation of the camera axis from vertical (22).

Deviation of the camera axis along the flight line causes Y-tilt, while deviation of the axis perpendicular to the flight line causes X-tilt or Tip.

timber inventory:
>
> *see* **inventory:** regional

tip:
>
> *see* **tilt**

TM:
>
> *see* **thematic mapper**

top diameter:
>
> *see* **diameter:** top

**topographic map:** [carte topographique]
>
> A map showing correct horizontal and vertical positions of features represented (3).
>
> *cf.* planimetric map

total age:
>
> *see* **age:** total

total volume:
>
> *see* **volume:** gross total

**transect:** [profil]
>
> A cross section of an area used as a sample unit for recording, mapping or studying the vegetation and its use (26).
>
> May be a series of plots, a belt or strip, or merely a line, depending on the purpose.
>
> *cf.* cruise line

**transformation:** [transformation]
>
> The process of projecting a photograph (mathematically, graphically, or photographically) from its plane onto another plane by translation, rotation, and/or scale change (25).

**tree:** [arbre]
>
> A woody, perennial plant generally with a single, well-defined stem and a more or less definitely formed crown (1).

tree calipers:
>
> *see* **calipers**

tree height:
> *see* **height:** tree

treed muskeg:
> *see* **muskeg**

trunk:
> *see* **bole**

**tundra:** [toundra]
> The zone of low arctic vegetation north of the tree line where the ground is perpetually frozen (1).

> *cf.* wildland

**turnkey:** [clef en main]
> A system that should operate from the moment it is switched on. No further software development or modification should be involved (2).

two storeyed:
> *see* **storey**

**type map:** [carte typologique]
> A map showing the distribution of various types such as soil, vegetation, or site throughout a forest area (12).

typing:
> *see* **photo typing**

## - U -

unallocated land:
> *see* **retained land**

uncontrolled mosaic:
> *see* **mosaic**

understorey:
> *see* **storey**

**uneven-aged:** [inéquienne]
> Of a forest, stand, or forest type in which intermingling trees differ markedly in age (12).

The differences in age permitted in an uneven-aged stand are usually greater than 10 to 20 years.

*cf.* even-aged

**unmerchantable:** [non marchand]
Of a tree or stand that has not attained sufficient size, quality and/or volume to make it suitable for harvesting (1).

unproductive forest land:
*see* **forest land**

unstocked:
*see* **stocking:** nonstocked

unsupervised classification:
*see* **classification:** unsupervised

unsurveyed stocking:
*see* **stocking:** unsurveyed stocking

**update:** [mettre à jour]
To address change within an inventory cycle. The procedure of modifying a portion of an existing data set of a survey area, including maps, through mechanical or modeling procedures to the present. For example, as forested lands are cut over, the volume is subtracted from the data set; as the forest grows, the volumes are expanded through a growth processor or model (19).

## - V -

variable area plot:
*see* **point sample**

variable density yield table:
*see* **yield table:** variable density

**variance** (Statistics): [variance]
A measure of the dispersion of individual unit values about their mean (7). The square root of variance is the standard deviation.

*cf.* standard deviation

**vector** (GIS): [vecteur]
> A file of points such that the vectors can be drawn from point to point (in principle) to reconstruct line segments on a display or plotter (24).

**vertical exaggeration** (Photogrammetry): [exagération verticale]
> The increase or decrease in the vertical dimension of the perceived stereomodel when compared to its horizontal dimension ratio of the actual object (25).

> *cf.* base-height ratio

vertical imagery:
> *see* **aerial photo**

**veteran:** [vétéran]
> An old tree remaining from a former stand (26).

visual acuity:
> *see* **acuity:** visual

**volume:** [volume]
> The amount of wood in a tree, stand or other specified area, according to some unit of measurement or some standard of use (26).

> The unit of measurement may be cubic metres or cubic metres per hectare. The standard of use may be pulpwood or sawtimber. Usually expressed inside bark and according to different specifications:

> **gross merchantable:** [volume marchand brut] Volume of the main stem, excluding stump and top but including defective and decayed wood, of trees or stands (1).

> **gross total:** [volume brut total] Volume of the main stem, including stump and top as well as defective and decayed wood, of trees or stands (1).

> **net merchantable:** [volume marchand net] Volume of the main stem, excluding stump and top as well as defective and decayed wood, of trees or stands (1).

**volume equation:** [formule de cubage]
> A statistically derived expression of the relationship between volume and other tree or stand variables (1).

> Used to estimate volume from more easily measured variables such as diameter breast height, tree or stand height, and crown closure.

> *cf.* volume table

volume formula:
*see* **volume equation**

**volume table:** [tarif de cubage]
A table showing the estimated average tree or stand volume corresponding to selected values of other, more easily measured, tree or stand variables (1).

Used in the same way as the Volume Equation, from which it generally is constructed. Occasionally constructed from a graphically derived relationship between volume and other tree or stand variables. Constructed for individual species or species groups.

**stand:** [table de stock] Volumes given in m3/ha.

*cf.* yield table

(a)     **aerial:** [tarif photogrammétrique (peuplement)]  The independent variables must be measurable on aerial photos; they often include stand height and crown closure.

**tree:** [tarif du cubage] Volumes given in cubic metres.

(a)     **aerial:** [tarif photogrammétrique (arbre)]  The independent variables must be measurable on aerial photos;  they often include tree height and crown area.

(b)     **form class:** [tarif du cubage par classe de forme]  Standard Tree Volume Equations constructed for different Form Classes.

(c)     **local:** [tarif du cubage local]  Diameter breast height is the only independent variable;  data collected from a small, local area; sometimes constructed from a Standard Tree Volume Equation by applying to it a local height/diameter relationship.

(d)     **standard:** [tarif du cubage général]  Independent variables are diameter breast height and tree height;  data collected from a large area (a province or region).

**- W -**

wedge prism:
*see* **prism**

**weeding:** (Forest Operations): [désherbage]

Generally, a cultural operation eliminating or suppressing undesirable vegetation, mainly herbaceous, during the seedling stage of a forest crop and therefore before the first cleaning, so as to reduce competition with the seedling stand (13).

(GIS): [épuration]  Automated reduction in the number of points comprising a line (1).

**weed species:**
*see* **noncommercial species**

**weighted mean:** [moyenne pondérée]

A value obtained by multiplying each of a series of values by its assigned weight and dividing the sum of those products by the sum of the weights (25).

**wildland:** [terre vierge]

Uncultivated land other than fallow, or land relatively uninfluenced by human activity (12).

Includes tundra, barrens, alpines.

**windfall:** [chablis]

A tree uprooted or broken off by wind, and areas containing such trees (26).

**windowing** (GIS): [découpage]

To block off a particular portion of a map and show details within it alone, often at an enlarged scale (2).

**withdrawals:** [retraits]

Areas removed from the forest land base (13).

**wolf tree:** [arbre loup]

A vigorous tree, usually of bad form, occupying more space than its future value warrants and threatening potentially better neighbours. Usually broad crowned, dominant (10).

# - X -

**x-motion:** [mouvement en x]

In a stereoplotting instrument, that linear adjustment approximately parallel to a line connecting two projector stations; the path of this adjustment is, in effect, coincident with the flight line between the two relevant exposure stations (25).

x-parallax:
    *see* **parallax:** absolute

**xylometer:** [xylomètre]
    An apparatus for determining the volumes of pieces of wood by measuring the amount of liquid (generally water) they displace when immersed (12).

# - Y -

**yaw:** [oscillation]
    (1) Air Navigation: The rotation of an aircraft about its vertical axis so as to cause the aircraft's longitudinal axis to deviate from the flight line. Sometimes called crab.

    (2) Photogrammetry: The rotation of a camera or a photograph coordinate system about either the photograph z axis or the exterior Z axis. In some photogrammetric instruments and in analytical applications, the symbol kappa ($\kappa$) may be used (25).

    *cf.* crab

**yield:** [rendement]
    Growth or increment accumulated by trees at specified ages expressed by volume or weight to defined merchantability standards (1).

**yield table:** [table de rendement]
    A summary table showing, for stands (usually even-aged) of one or more species on different site qualities, characteristics at different ages of the stand (1).

    The stand characteristics usually include average diameter and height and total basal area, number of trees, and volume per hectare.

    **empirical:** [table de rendement empirique] Prepared for actual average stand conditions.

    **normal:** [table de rendement normal] Prepared for normally stocked stands.

    **variable density:** [table de rendement à densité variable] Prepared for stands of varying density expressed as number of trees per hectare.

**y-motion:** [mouvement en y]
    In a stereoplotting instrument, that linear adjustment approximately perpendicular to a line connecting two projectors (25).

# Part III

Appendices

# Appendix 1

# Measurement Units and Class

**Table 1.  Units of measure used in metric forest inventory**

| Type | Unit | Symbol | Examples of Use |
|------|------|--------|-----------------|
| Length | centimetre | cm | Tree diameter |
| | metre | m | Tree height<br>Log length<br>Cruise line and<br>plot dimensions |
| | kilometre | km | Ground distances |
| Area | square centimetre | $cm^2$ | Areas on maps or photos |
| | square metre | $m^2$ | Plot area<br>Basal area |
| | hectare | ha | Stand area<br>Forest management unit area |
| Volume | cubic metre | $m^3$ | Forest products |
| | stacked cubic metre | $m^3$(stacked) | Stacked wood (includes volume<br>of bark and airspaces) |
| Mass | tonne | t | Forest products |
| Angle | degree | ° | Slope<br>Direction |
| | percent[a] | % | Slope |

[a] Although not a unit of measure, percent is included here because of its common usage in the description of slopes.

**Table 2. Plot sizes**

A. Fixed-area plots

| Plot size (ha) | Plot size (m$^2$) | Side of square plot (m) | Radius of circular plot (m) |
|---|---|---|---|
| 0.0004 | 4[a] | 2.00 | 1.13 |
| 0.0016 | 16[a] | 4.00 | 2.26 |
| 0.01 | 100 | 10.00 | 5.64 |
| 0.02 | 200 | 14.14 | 7.98 |
| 0.025 | 250 | 15.81 | 8.92 |
| 0.03 | 300 | 17.32 | 9.77 |
| 0.04 | 400 | 20.00 | 11.28 |
| 0.05 | 500 | 22.36 | 12.62 |
| 0.06 | 600 | 24.49 | 13.82 |
| 0.08 | 800 | 28.28 | 15.96 |
| 0.1 | 1 000 | 31.62 | 17.84 |
| 0.2 | 2 000 | 44.72 | 25.23 |
| 0.25 | 2 500 | 50.00 | 28.21 |

[a]Regeneration plots

B. Point samples

| Basal area factor (a) | Plot radius factor (b) | Angle size (c) | Per hectare conversion factor constant (d) |
|---|---|---|---|
| 1 | 0.5000 | 1.14 | 12 734 |
| 2 | 0.3535 | 1.62 | 25 470 |
| 3 | 0.2886 | 1.98 | 38 209 |
| 4 | 0.2499 | 2.29 | 50 950 |
| 5 | 0.2236 | 2.56 | 63 694 |
| 10 | 0.1580 | 3.62 | 127 452 |
| 15 | 0.1290 | 4.43 | 191 273 |
| 20 | 0.1117 | 5.12 | 255 158 |

(a) Gives the basal area contributed by each tree in the point sample, in square metres per hectare.
(b) When multiplied by the dbh of a tree (in centimetres), gives the maximum distance (in metres) at which the tree would be counted.
(c) In degrees.
(d) When divided by the squared dbh of a tree (in square centimetres), gives the number of trees per hectare represented by each sample tree.

# Table 3. Stand measurements

| Characteristic | Measurement or recording unit | Expressed to nearest[a] | Examples |
|---|---|---|---|
| Diameter | cm | 0.1 cm | |
| Height | m | 1 m | Class 10: $9.5 \leq h \leq 10.5$[b] |
| | | 2 m | Class 10: $9 \leq h \leq 11$ |
| | | 5 m | Class 10: $7.5 \leq h \leq 12.5$ |
| Crown closure | % | 5%[c] | |
| Stem frequency | trees/ha | 1 tree[c] | |
| Basal area | m²ha | 1 m²/ha[c] | |
| Volume | m²/ha | 1 m²/ha[c] | |

[a] These recommendations are suitable for many inventories. However, the need for precision differs, depending on the type of inventory, the quantities measured and the use of the data, and may dictate a significant departure from the recommendations.

[b] Stand height is greater than 9.5 m, less than or equal to 10.5 m.

[c] Any classes used are recommended to start at zero, to be in multiples of 10, and to be expressed by their mid-point, e.g., for an interval of 40, Class 100 ( = X) has the range $80 \leq X \leq 120$.

**Table 4. Tree measurements**

| Characteristic | Measurement or recording unit | Expressed to nearest[a] | Examples |
|---|---|---|---|
| Diameter | cm | 0.1 cm | |
| | | 1 cm | Class 12: $11.5 \leq d \leq 12.5$ |
| | | 2 cm[b] | Class 12: $11 \leq d \leq 13$ |
| Bark thickness | cm | 0.1 cm | |
| Height | m | 0.1 m[c] | |
| | | 0.5 m[d] | |
| | | 1 m | Class 10: $9.5 \leq h \leq 10.5$ |
| Crown diameter | m | 0.1 m | |
| Crown area | m$^2$ | 0.1 m$^2$ | |
| Basal area | m$^2$ | 0.001 m$^{2}$[e] | |
| Volume | m$^2$ | 0.001 m$^{2}$[e] | |
| Mass (weight) | kg | 0.1 kg[e] | |

[a] These recommendations are suitable for many inventories. However, the need for precision differs, depending on the type of inventory, the quantities measured and the use of the data, and may dictate a significant departure from the recommendations.

[b] If wider class intervals are used, boundaries are recommended to coincide with those of the 2-cm classes.

[c] In permanent plots (standing trees).

[d] In temporary plots.

[e] Or measured or calculated to three significant figures.

# Appendix 2

## Symbols of Commercial Tree Species

| Common name | Botanical name | Recommended symbol |
| --- | --- | --- |
| Coniferous species | | CON |
| Pine | *Pinus* L. | P |
| Eastern white pine | *Pinus strobus* L. | EWP |
| Western white pine | *Pinus monticola* Dougl. | WWP |
| Whitebark pine | *Pinus albicaulis* Engelm. | WBP |
| Ponderosa pine | *Pinus ponderosa* Laws. | PP |
| Pitch pine | *Pinus rigida* Mill. | PIP |
| Red pine | *Pinus resinosa* Ait. | RP |
| Jack pine | *Pinus banksiana* Lamb. | JP |
| Lodgepole pine | *Pinus contorta* Dougl. | LP |
| Scots pine | *Pinus sylvestris* L. | SP |
| Austrian pine | *Pinus nigra* Arnold | AP |
| Larch | *Larix* Mill. | L |
| Tamarack | *Larix laricina* (Du Roi) K. Koch | TL |
| Western larch | *Larix occidentalis* Nutt. | WL |
| European larch | *Larix decidua* Mill. | EL |
| Spruce | *Picea* A. Dietr. | S |
| White spruce | *Picea glauca* (Moench) Voss | WS |
| Engelmann spruce | *Picea engelmannii* Parry | ES |
| Sitka spruce | *Picea sitchensis* (Bong.) Carr. | SS |
| Red spruce | *Picea rubens* Sarg. | RS |
| Black spruce | *Picea mariana* (Mill.) B.S.P. | BS |
| Norway spruce | *Picea abies* (L.) Karst. | NS |

| Common name | Botanical name | Recommended symbol |
|---|---|---|
| Coniferous species | | |
| Hemlock | *Tsuga* (Endl.) Carr. | H |
| Eastern hemlock | *Tsuga canadensis* (L.) Carr. | EH |
| Western hemlock | *Tsuga heterophylla* (Raf.) Sarg. | WH |
| Mountain hemlock | *Tsuga mertensiana* (Bong.) Carr. | MH |
| Douglas-fir | *Pseudotsuga menziesii* (Mirb.) Franco | DF |
| Fir | *Abies* Mill. | F |
| Balsam fir | *Abies balsamea* (L.) Mill. | BF |
| Alpine fir | *Abies lasiocarpa* (Hook.) Nutt. | ALF |
| Amabilis fir | *Abies amabilis* (Dougl.) Forbes | AF |
| Grand fir | *Abies grandis* (Dougl.) Lindl. | GF |
| Arbor-vitae | *Thuja* L. | C |
| Eastern white cedar | *Thuja occidentalis* L. | EWC |
| Western red cedar | *Thuja plicata* Donn. | WRC |
| Yellow cedar | *Chamaecyparis nootkatensis* (D. Don) Spach | CY |
| Eastern red cedar | *Juniperus virginiana* L. | ERC |
| Western yew | *Taxus brevifolia* Nutt. | Y |
| Other coniferous species | | OCON |
| Deciduous species | | DEC |
| Black willow | *Salix nigra* Marsh. | W |

| Common name | Botanical name | Recommended symbol |
|---|---|---|
| Deciduous species | | |
| Poplar | *Populus* L. | PO for Poplar<br>CO for Cottonwood<br>A for Aspen |
| Trembling aspen | *Populus tremuloides* Michx. | TA |
| Largetooth aspen | *Populus grandidentata* Micnx. | LTA |
| Balsam poplar | *Populus balsamifera* L. | BPO |
| Eastern cottonwood | *Populus deltoides* Bartr. | ECO |
| Black cottonwood | *Populus trichocarpa* Torr. & Gray | BCO |
| European white poplar | *Populus alba* L. | EWPO |
| Carolina poplar | *Populus x canadensis* Moench | CPO |
| Butternut | *Juglans cinerea* L. | BU |
| Black walnut | *Juglans nigra* L. | WA |
| Hickory | *Carya* Nutt. | HI |
| Shagbark hickory | *Carya ovata* (Mill.) K. Koch | SHI |
| Pignut hickory | *Carya glabra* (Mill.) Sweet | PHI |
| Bitternut hickory | *Carya cordiformis* (Wang.) K. Koch | BHI |
| Hop-hornbeam | *Ostrya virginiana* (Mill.) K. Koch | HH |
| Birch | *Betula* L. | B |
| Yellow birch | *Betula alleghaniensis* Britton | YB |
| White birch | *Betula papyrifera* Marsh. | WB |
| Grey brich | *Betula populifolia* Marsh. | GB |
| Alder | *Alnus* B. Ehrh. | AL |
| Red alder | *Alnus rubra* Bong. | RAL |
| Sitka alder | *Alnus sinuata* (Reg.) Rydb. | SAL |

| Common name | Botanical name | Recommended symbol |
|---|---|---|
| Deciduous species | | |
| Beech | *Fagus grandifolia* Ehrh. | BE |
| Oak | *Quercus* L. | O |
| White oak | *Quercus alba* L. | WO |
| Bur oak | *Quercus macrocarpa* Michx. | BO |
| Swamp white oak | *Quercus bicolor* Willd. | SWP |
| Chinquapin oak | *Quercus muehlenbergii* Engelm. | CHO |
| Chestnut oak | *Quercus prinus* L. | CNO |
| Red oak | *Quercus rubra* L. | RO |
| Black oak | *Quercus velutina* Lam. | BLO |
| Pin oak | *Quercus palustris* Muenchh. | PIO |
| Elm | *Ulmus* L. | E |
| White elm | *Ulmus americana* L. | WE |
| Rock elm | *Ulmus thomasii* Sarg. | RE |
| Slippery elm | *Ulmus rubra* Mühl | SE |
| Red mulberry | *Morus rubra* L. | MU |
| Tulip-tree | *Liriodendron tulipifera* L. | T |
| Sassafras | *Sassafras albidum* (Nutt.) Nees | SA |
| Sycamore | *Platanus occidentalis* L. | SY |
| Black cherry | *Prunus serotina* Ehrh. | CH |
| Honey-locust | *Gleditsia triacanthos* L. | HL |
| Black locust | *Robinia pseudoacacia* L. | BL |

| Common name | Botanical name | Recommended symbol |
|---|---|---|
| **Deciduous species** | | |
| Maple | *Acer* L. | M |
| Sugar maple | *Acer saccharum* Marsh. | SM |
| Black maple | *Acer nigrum* Michx. f. | BM |
| Bigleaf maple | *Acer macrophyllum* Pursh | BLM |
| Silver maple | *Acer saccharinum* L. | SIM |
| Red maple | *Acer rubrum* L. | RM |
| Vine maple | *Acer circinatum* Pursh | VM |
| Manitoba maple | *Acer negundo* L. | MM |
| Cascara | *Rhamnus purshiana* DC. | CA |
| Basswood | *Tilia americana* L. | BA |
| Black Gum | *Nyssa sylvatica* Marsh. | G |
| Arbutus | *Arbutus menziesii* Pursh | AR |
| Ash | *Fraxinus* L. | AS |
| White ash | *Fraxinus americana* L. | WAS |
| Red ash | *Fraxinus pennsylvanica* Marsh. | RAS |
| Blue ash | *Fraxinus quadrangulata* Michx. | BLAS |
| Black ash | *Fraxinus nigra* Marsh. | BAS |
| Green ash | *Fraxinus pennsylvanica* var. *subintegerrima* (Vahl) Fern. | GAS |
| Other deciduous species | | ODEC |
| Mixed coniferous and deciduous species | | CNDC |
| Unidentified species | | X |

# Appendix 3

# The Canada Land Data System*

## Background

The Canada Land Data Systems (or CLDS) is a collective term for an integrated group of computer-based systems for geographic information processing developed over a number of years and incorporating the grandfather of all geographic information systems, the Canada Geographic Information System (CGIS). The origins of the system go back over more than 20 years to the "ARDA Project" (Agricultural and Rural Development Act of 1960). The main thrust of that project was to develop a land capability classification system and compile an inventory of all the potentially productive land of Canada. The result was the Canada Land Inventory (CLI), one of the most comprehensive and ambitious national surveys ever attempted.

Early in the project it became clear that the volume of data to be analyzed precluded manual methods and thus computer-based solutions were sought. The result was the creation of the CGIS, which in highly modified form still operates today as a significant component of CLDS. Because of this pioneering work, a large number of the concepts, algorithms and terminology associated with today's geographic information systems are derived from the original CGIS.

A number of key "firsts" were established at CGIS/CLDS. When the CGIS became fully implemented in 1971, it was the first general purpose GIS to go into production operation. It was the first system (and for many years the only system) to use raster scanning for efficient volume input of manuscript maps. This required the custom design and construction (by IBM) of a large format optical drum scanner. Delivered in 1967, this device was only superceded in 1984 by a modern computer-controlled scanner, a tribute to its design and robust construction.

Other firsts include the employment of the now standard data structure of line segments or "arcs" chained together to form polygons, the principles of data compaction of linework now known as "Freeman encoding," the cellular graphic storage principal known as the Morton Matrix (after Guy Morton, then of IBM), compact geo-coding to allow complete absolute geographic referencing of all data, the use of a hybrid raster-vector format for data representation, and the provision of remote interactive cartographic retrieval in a national network. Recent innovations include microcomputers for land

---

* Excerpted from a paper by I.K. Crain, Lands Directorate, Environment Canada, Ottawa, K1A 0E7; published in "Exemplary Systems in Government Awards, '85- '86 - The State of the Art," Urban and Regional Information Systems Association, 1985.

data analysis and graphic input, and state-of-the-art multiprocessor hardware employing artificial intelligence techniques for interactive editing of input documents.

The CLDS is a generalized GIS with a very complete range of functional capabilities to capture, validate, edit, store, manipulate, retrieve and display geographically based data. Three important capabilities distinguish CLDS from many other geographic information systems.

## 1 - Absolute Geographic Referencing

All graphic data are transformed on input to absolute geographic coordinates on the earth's surface (all coordinate points are represented in a coded form of latitude and longitude). In this way, dependency on the input map projection is eliminated; it enables queries based on latitude and longitude parameters, and more importantly, the subsequent integration and overlay of additional map coverage independent of their original base map.

## 2 - Unlimited Map Linkage

Adjacent map sheets are merged together to form one integrated contiguous data base, eliminating all original map boundaries. This means that all queries can be performed on all or any subset of the data with no concern over map sheet boundaries or "tiles" or "pages" of data.

## 3 - Full Topological Combination Overlay

This provides ability of forming the logical combination of an unlimited number of polygon map coverages, including, of course, all the lower order overlays such as binary combinations, exclusive "or," superposition overlay, etc. This powerful process is applied across the entire merged database, not on a map sheet basis.

The full list of functional capabilities is as follows:

## Input

- Data capture by line digitizing with interactive edit
- Data capture by raster drum scanner
- Interactive editing of scanned line images
- Topological verification and editing
- On-line key-entry tagged to polygon number
- Automated linkage of attribute data to polygons
- Automatic edit/validate routines using user-supplied criteria

### Geographic Data Manipulation

- Map sheet merging
- Binary and multiple combination overlay
- "Cookie-cutter" function
- Study area, corridor, circle zone generation
- Change and correction overlays
- Background file superposition

### Generalization

- Small area removal with boundary protection
- Boundary dissolve

### Geometric Calculation

- Area, perimeter and centroid calculations
- Study area subset creation
- Gridded data generations

### Attribute Data Manipulations

- Recoding
- Weighting and other derived attributes
- Linkage of additional data

### Retrieval and Display

- Creation of interactive subset databases
- Digital output files in various formats
- Statistical tabulations and report generation
- Transfer of data to statistical packages
- Boundary dissolves and selection based on full logical data queries
- Map plotting - monochrome and colour
- Cartographic quality monochrome and colour map generation

As well as these general functional capabilities, the CLDS provides machine-based services to various clients, for example, to scan documents of various kinds, to digitize points and lines, to plot maps and diagrams and to assist with small project-oriented geographic requirements which do not need full database facilities.

### Technology

Five subsystems surround and support the primary system, the CGIS. The five subsystems are also used as stand-alone systems for specialized projects.

The SIRE system (stands for Scanning Input and Raster Editing) is the most recent addition and provides high volume rapid map digitizing using an Optronix X4040 optical drum scanner. Maximum document size is 1 m x 1 m and resolution is adjustable from 25 to 200 microns. Grey level thresholds are adjustable as well, so that manuscript documents on various media, positive or negative, can be processed. Colour filters can be used to separate coloured annotation from desired line-work. An average full size thematic map requires about 20 minutes to digitize in this manner. The scanner is an intelligent device, controlled by a PDP 11-24 computer.

The second major component of the SIRE system is the "Z-ed Machine," a multiprocessor editing work station developed by Mignot Informatique Graphique of Montreal. This station provides the user with the ability to view, verify and edit the scanned image to ensure its correctness before subsequent processing. The machine also will automatically perform, using artificial intelligence techniques, line-thinning operations, detection of line ends, closing of small gaps, clean-up of stray spots and noise, and raster-to-vector conversion. The SIRE system can be used stand-alone to digitize maps and other documents for input to external systems.

The Interactive Digitizing and Editing Sub-System (IDESS) employs digitizing tables and graphics screens controlled by an HP-1000 mini-computer to digitize and graphically edit point location data and line-work. As a stand-alone system it also has the capability to form polygons, statistical summaries and project-oriented GIS functions. As a part of CLDS it is normally used to digitize point locations and input display-only background data files which can be superimposed on thematic map databases entered through SIRE.

The Data Entry and Validation Sub-System provides on-line key-entry and edit/validate functions for the attribute descriptor data. This is supported by a Data General MV6000 minicomputer.

The hub of the CLDS is the well known CGIS system which provides the bulk of the geographic data manipulation power. The system operates on a large IBM mainframe computer at a commercial service bureau. Details of the inner workings of CGIS cannot be given in a paper of this length, but some of the key points will be mentioned.

As a first stage, raster-to-vector conversion is performed in small blocks of data called "frames" (each about 3 cm square on the original map). The coordinate data are "de-projected" from the input document and remapped into a latitude/longitude coding scheme. Projection calculations are performed efficiently by using an exact formula for each frame corner with interpolation in between. The latitude/longitude coding scheme makes use of a frame numbering pattern (the Morton Matrix) along with local relative displacements to efficiently represent the full absolute geographic reference. Further data compaction is obtained by the use of directional run length encoding of finite incremental vectors.

Subsequent processing stages link adjacent map sheets to eliminate map borders, integrate the attribute data with the polygon outlines, verify topology and check for adjacent polygon conflicts. The various types of overlay function operate on the compacted coded data to produce the full combination logical overlay.

The user can choose to use the global retrieval capabilities (in batch mode) of CGIS, or interactive facilities through the Interactive Graphics Sub-System (IGSS), or both.

The IGSS is intended for use on subsidiary interactive databases created through selection by particular study regions (which may have irregular boundaries or particular attribute subsets etc.). The IGSS is a user-friendly interactive graphics system which operates through Tetronix-type colour and monochrome terminals from remote locations. Work stations access the data banks through medium speed telecommunications lines from numerous locations across Canada. Through these terminals users can selectively plot, generalize, and window any or all of the overlayed data coverages, and obtain statistical reports, cross tabulations, and graphical displays on the screen or on accompanying hard-copy units. As well, commands can be entered for custom batch reports and cartographic products from the Cartographic Output Subsystem.

This latter subsystem provides for the production of large format black-and-white and color maps. The principal output devices are a Gerber drum plotter and the Optronics X4040 scanner/plotter. The former is used primarily to produce a variety of black and white maps and color-shaded maps which are used as proofs for later publications or as working documents. The laser plotter capabilities of the Optronics X4040 are used to produce large format color separates on film for color printing of publication quality maps. Incorporated into the output system is the commercial mapping package GIMMS used primarily for generating annotation to superimpose on the color maps from the scanner.

CAI
FO46
89F53

MO-DOF

# Terminologie
# de l'Inventaire des forêts du Canada

Traduit et adapté de la version anglaise,
troisième édition, préparée sous la direction de
B.D. Haddon, Institut forestier national de Petawawa,
Forêts Canada, Chalk River (Ontario)

DOCUMENTS OFFICIELS

MAR 14 1989

GOVERNMENT
PUBLICATIONS

Comité de l'Inventaire des forêts du Canada
Forêts Canada
1988

**Données de catalogage avant publication (Canada)**

Vedette principale au titre:

Terminologie de l'Inventaire des forêts du Canada.

Texte en français et en anglais disposé tête-bêche.
Titre de la p. de t. additionnelle: Forest Inventory Terms in Canada
«Traduit et adapté de la version anglaise, 3e édition, préparée
sous la direction de B.D. Haddon».
ISBN 0-660-54772-4
Numéro de catalogue du MAS Fo46-21/1989

1. Inventaires forestiers — Canada — Terminologie.
2. Forêts et sylviculture — Canada —Terminologie.
I. Haddon, B.D. II. Service canadien des forêts. Comité de
l'inventaire forestier. III. Titre: Forest Inventory Terms in Canada.

SD126.F67 1989    634.9'5'014    C89-097030-OF

©Ministre des Approvisionnements et Services Canada 1989

En vente au Canada par l'entremise des

Librairies associées
et autres libraries

ou par la poste auprès du

Centre d'édition du gouvernement du Canada
Approvisionnements et Services Canada
Ottawa (Canada) K1A 0S9

Numéro de catalogue Fo46-21/1989
ISBN 0-660-54772-4

# Table des matières

# Comité de l'Inventaire des forêts du Canada
## (Mai 1987)

| | |
|---|---|
| H.W.F. Bunce | Reid, Collins and Associates Limited, Vancouver (Colombie-Britannique) |
| C.R. Carlisle | Ministère des Ressources renouvelables, Gouvernement des Territoires du Nord-Ouest, Fort Smith (Territoires du Nord-Ouest) |
| D. Demers | Ministère de l'Énergie, des Mines et des Ressources, Québec (Québec) |
| T. Erdle | Ministère des Ressources naturelles et de l'Énergie du Nouveau-Brunswick (Fredericton) |
| W. Glen | Ministère de l'Énergie et des Forêts de l'Île-du-Prince-Édouard, Charlottetown |
| G.H. Hawes | Service canadien des forêts, Ottawa (Ontario) |
| F. Hegyi | Ministère des Forêts de la Colombie-Britannique, Victoria |
| R.H. Lamont | Ministère des Ressources naturelles du Manitoba, Winnipeg |
| J.J. Lowe | Service canadien des forêts, Chalk River (Ontario) |
| R. Mercer (vice-président) | Ministère des Terres et des Ressources forestières de Terre-Neuve, Corner Brook |
| D.J. Morgan | Ministère de l'Énergie et des Ressources naturelles de l'Alberta, Edmonton |
| J.E. Osborn | Ministère des Ressources naturelles de l'Ontario, Toronto |
| K. Rymer | Ministère des Affaires indiennes et du Nord canadien, Whitehorse (Yukon) |
| J.H. Smyth | Service canadien des forêts, Sault Ste.Marie (Ontario) |
| L.W. Stanley (président) | Ministère des Parcs, des Loisirs et de la Culture de la Saskatchewan |
| F.R. Wellings | Ministère des Terres et des Forêts de la Nouvelle-Écosse, Truro |
| B.D. Haddon (secrétaire) | Service canadien des forêts, Chalk River (Ontario) |

Les personnes suivantes font partie du Sous-comité de la terminologie:

B.D. Haddon (président)
H.W.F. Bunce
D. Demers
L.W. Stanley

# Avant-propos

En septembre 1975, le Comité sectoriel 8.1 (Forêts) du Programme de conversion au système métrique a recommandé la création d'un comité pour résoudre certains problèmes d'inventaire forestier au Canada causés par la conversion au système métrique, l'absence d'une terminologie commune et les différences entre les inventaires forestiers.

Suite à cette recommandation, le Comité de l'Inventaire des forêts du Canada été créé. Ses membres ont été choisis principalement parmi le Groupe de travail 8.1.2 (Inventaire et cartographie) du Programme de conversion au système métrique, lequel a été élargi de façon à représenter les organismes provinciaux et fédéraux.

La première version de l'ouvrage intitulé *A Guide to Canadian Forest Inventory Terminology and Usage* a paru en 1976. La deuxième version, enrichie des commentaires et des suggestions des spécialistes en foresterie, a été publiée en 1978 par le Service canadien des forêts, pour le compte du Comité de l'Inventaire des forêts du Canada.

Cette troisième version comprend des mises à jour et des additions, qui témoignent du travail du Sous-comité de la densité de peuplement du Comité de l'Inventaire des forêts du Canada, de l'importance croissante de la cueillette de nouvelles données, et de l'impact des Systèmes d'information géographique sur l'inventaire forestier. D'autres termes de télédétection et de statistiques ont été inclus, de même que des termes de sylviculture et de gestion appliqués à des superficies forestières.

Le présent ouvrage est le fruit d'une collaboration entre le Comité de l'Inventaire des forêts du Canada et Forêts Canada.

Pour la première fois, les termes recommandés sont présentés dans les deux langues officielles.

# Remerciements

Nous tenons à remercier tout particulièrement R.J. Hall qui a participé à la préparation de ce glossaire, à titre d'expert en télédétection et en statistique. Nous exprimons également notre reconnaissance à D.G. Leckie, qui a révisé le chapitre sur la télédétection de la partie I, de même qu'à D. Demers, qui nous a conseillé sur la terminologie française utilisée dans le glossaire.

# Introduction

Au Canada, les inventaires forestiers ont été mis sur pied pour répondre aux besoins locaux ou régionaux. La terminologie employée avait tendance à varier selon les régions et les localités, de sorte que la description des méthodes d'inventaire et la présentation des statistiques prêtent parfois à confusion. Le présent ouvrage a pour objet de résoudre ces problèmes en fournissant aux spécialistes de l'industrie forestière canadienne une terminologie commune et en expliquant son usage.

Ce document porte essentiellement sur l'inventaire forestier, ainsi que sur l'inventaire des régions forestières productives. Il comprend trois parties: la description des méthodes d'inventaire forestier au Canada, le glossaire et les annexes.

1. La première partie est une description chronologique des tâches associées aux inventaires forestiers, après l'établissement des objectifs et des spécifications. On met l'accent sur ce *qui* doit être fait plutôt que sur la façon d'effectuer ces tâches.

2. La deuxième comprend les termes communément utilisés ou associés à l'inventaire forestier. Certains termes de sylviculture et de gestion sont également inclus lorsqu'ils servent à décrire des superficies forestières. Les termes régionaux ont été exclus.

3. La troisième compte trois annexes: l'annexe 1 présente, sous forme de tableaux, les unités de mesure, les classes et les rapports recommandés pour l'utilisation des unités métriques dans les inventaires forestiers; l'annexe 2 énumère les symboles approuvés pour représenter des essences individuelles ou des groupes d'essences; l'annexe 3 décrit le Système de données sur les terres du Canada, qui constitue l'un des nombreux systèmes d'information géographique utilisés au Canada.

Le Comité de l'Inventaire des forêts du Canada appuie la terminologie bilingue proposée ici, tout en reconnaissant que la langue et la terminologie sont en évolution constante. Le Comité invite toutes les personnes intéressées à faire part de leurs commentaires et de leurs suggestions quant aux améliorations à apporter, à l'adresse suivante:

Comité de l'Inventaire des forêts du Canada
a/s du Programme de l'inventaire des forêts
Institut forestier national de Petawawa
Forêts Canada
Chalk River (Ontario)
Canada K0J 1J0

# Partie I

# Méthodes de l'Inventaire des forêts du Canada

La partie I du présent ouvrage a pour objet de décrire les méthodes habituellement utilisées dans les inventaires forestiers et d'expliquer le contexte dans lequel les nombreux termes d'inventaire sont appliqués. La relation entre les différentes méthodes d'inventaire forestier est illustrée à la figure 1.

Les méthodes employées dans chaque partie du Canada sont décrites en détail dans des ouvrages et des manuels publiés ou utilisés par les organismes provinciaux, territoriaux ou fédéraux. Une liste continuellement mise à jour de ces publications est disponible à l'Institut forestier national de Petawawa, à Chalk River (Ontario) et peut être obtenue sur demande. Elle est intitulée *Catalogue des publications et ouvrages sur les inventaires forestiers au Canada* (Catalogue of Canadian Forest Inventory Publications and Manuals).

## Classification des terres et des forêts

Des données sommaires peuvent être requises pour un certain nombre de classes de terres et de forêts. L'information nécessaire à la *classification* est obtenue à partir de *photographies aériennes*, d'images satellites, de travaux sur le terrain, de relevés existants ou de diverses cartes.

Les forêts et les terres peuvent être classées en fonction de leur tenure, de leur affectation, de leur gestion, de leur utilisation, de leur potentiel, du couvert forestier, du couvert végétal, des contraintes d'exploitation, ou de l'écologie (figure 2).

Les terres peuvent être publiques (*terres de la Couronne fédérales* et *provinciales* ou *municipales*), ou privées. La tenure dépend de leur possibilité d'exploitation forestière (*réservées* ou *non réservées*) et, dans le cas des terres provinciales, de l'autorité de gestion immédiate et directe (*retenues* ou *concédées*). Les terres fédérales peuvent être réservées afin de servir de parcs, de zones de défense ou de réserves indiennes, ou retenues (Yukon et Territoires du Nord-Ouest). Les terres provinciales peuvent être réservées comme parcs ou *forêts de protection*, concédées par bail ou par licence, ou retenues comme unités de gestion ou aires naturelles. Les terres municipales peuvent être réservées comme parcs ou bassins versants, ou retenues comme boisés aménagés. Les terres privées varient de vastes propriétés aménagées à de petits boisés.

Les unités, zones ou districts forestiers administratifs peuvent être groupés par région dans une province ou un territoire, ou divisés en sous-unités comme des districts forestiers, des comtés ou des townships.

---

1. Les termes en italique, utilisés pour la première fois, sont définis dans le glossaire (partie II).

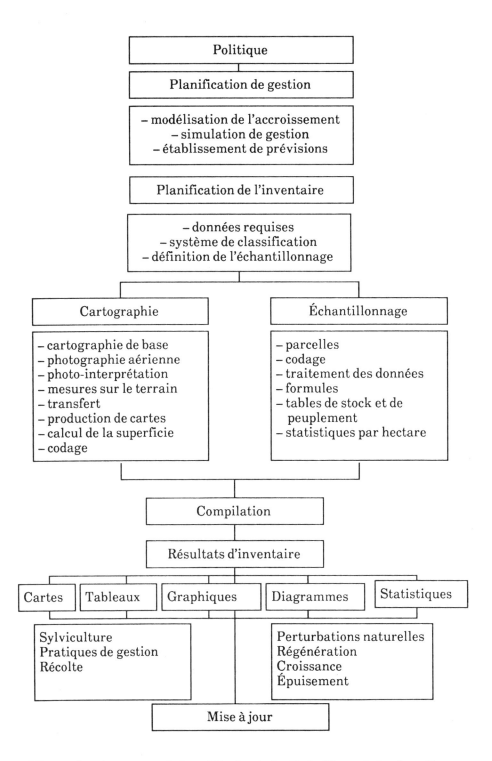

**Figure 1.** Diagramme de la méthode généralisée d'inventaire forestier.

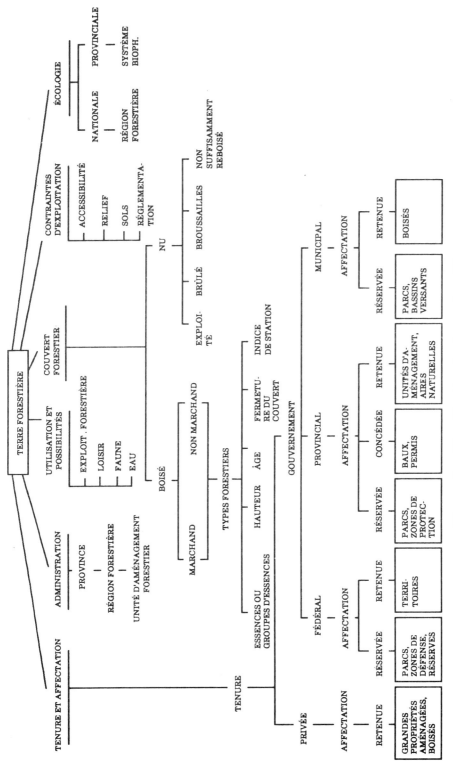

**Figure 2.** Classification des terres forestières.

4

Les terres peuvent être classées en fonction de leur utilisation principale actuelle ou de leur utilisation potentielle, notamment l'exploitation forestière, les loisirs, les habitats fauniques ou la production hydraulique.

Le couvert forestier est relié au couvert végétal existant d'une région. Un *terrain forestier boisé* peut être *marchand* ou *non marchand* et classé par *types forestiers*, lesquels sont groupés selon les essences ou les groupes d'essences, la hauteur, la superficie, la *fermeture du couvert* ou l'*indice de station*. Un *terrain forestier non boisé* (nu) peut être classé en fonction de la cause du déboisement: exploitation forestière, incendies ou ravageurs (dépérissement causé par les insectes et les maladies).

On peut également grouper les terres forestières en fonction des contraintes d'exploitation forestière. Ces dernières comprennent notamment l'accessibilité, le relief, les types de sol et la réglementation.

La classification écologique des terres à l'échelle nationale est faite par région forestière; à l'échelle provinciale, les systèmes biophysiques sont basés sur les écosystèmes et les formes du relief.

# Télédétection

## 1. Capteurs et imagerie

La photographie aérienne est le moyen de *télédétection* le plus largement utilisé dans les *inventaires forestiers* au Canada. Le système chambre de prise de vues-émulsion-filtre est un *capteur passif*, sensible à la portion visible et proche infrarouge du spectre électromagnétique. Selon la combinaison émulsion-filtre utilisée, la sensibilité peut se situer dans les limites susmentionnées.

Les types d'émulsion habituellement utilisés en inventaire forestier sont l'émulsion panchromatique (blanc et noir), l'émulsion *infrarouge* (IR) (couleurs ou blanc et noir) et l'émulsion couleurs. Les épreuves peuvent être à la même *échelle* (échelle de contact) que le cliché ou à une échelle plus grande ou plus petite. Elles peuvent avoir un fini lustré ou semi-mat et être imprimées sur du papier simple épaisseur ou double épaisseur. Les épreuves plastifiées sont généralement utilisées sur le terrain. Les émulsions couleurs inversibles donnent directement une image positive.

Les imageurs multispectraux sont des capteurs passifs. Chaque canal du balayeur est sensible à une bande de longueurs d'onde assez étroite. Un *balayeur multispectral* couvre souvent un plus grand nombre de régions du spectre électromagnétique que les appareils de prise de vues. Les balayeurs imageurs optomécaniques ne convergent pas l'énergie à travers un objectif, mais ils ont une ouverture très étroite et balaient rapidement le terrain en couloirs puis transforment l'énergie reçue par un détecteur en impulsions électriques qui peuvent être emmagasinées sur une bande magnétique ou converties en une *image*. La *résolution* d'un balayeur imageur dépend de son ouverture. Avec les données numériques, la plus petite unité séparable est le *pixel*.

Les imageurs multispectraux linéaires, ou balayeurs, utilisent un réseau rectiligne de détecteurs à transfert de charge installés derrière une lentille de mise au point. Un seul couloir ou ligne de données est enregistré simultanément par chaque détecteur dans le réseau rectiligne formant un pixel (élément d'image) de l'image. Les applications les plus connues sont les images prises par satellite (par exemple *Landsat*) et les images aériennes en infrarouge thermique utilisées dans les études des incendies et autres études thermiques.

Le *radar aéroporté à antenne latérale (R.A.A.L.)* et le radar à antenne synthétique (R.A.S.) sont des *capteurs actifs* qui transmettent les hyper-fréquences et enregistrent les impulsions réfléchies. Ces deux radars peuvent traverser la plupart des couvertures nuageuses, mais ils ne sont pas largement utilisés en foresterie, car ils ne définissent pas le couvert forestier de façon distincte.

L'imagerie multispectrale est produite par des imageurs multi-spectraux ou des chambres de prise de vues (système composé de plusieurs appareils photographiques ayant chacun une combinaison émulsion-filtre sensible à une portion différente du spectre électromagnétique), ou par des chambres à objectifs multiples ayant différents filtres.

L'échelle de l'image dépend généralement de la hauteur au-dessus du sol du capteur et de sa géométrie interne, laquelle, dans une chambre de prise de vues, est exprimée par la focale de l'objectif. Les photographies aériennes à grande, moyenne et petite échelles sont généralement prises à bord d'un avion qui vole respectivement à faible, moyenne et haute altitudes. Les photographies aériennes à très petite échelle sont obtenues à partir d'un avion volant à très haute altitude, de satellites ou de véhicules spatiaux.

Presque toute l'imagerie est obtenue par l'axe optique ou principal du capteur placé aussi verticalement que possible.

Pour une hauteur de vol donnée, la *couverture* d'une photographie dépend de l'angle de champ de l'objectif photographique et du format de l'appareil photographique. Les objectifs peuvent varier de l'oeil-de-poisson au téléobjectif, en passant par l'objectif normal. Presque tout le travail d'inventaire est effectué à partir de *photographies aériennes* prises à l'aide d'appareils 230 mm, mais on utilise de plus en plus les appareils 70 mm pour les échantillonnages du volume, les levés de reconnaissance et les études des essences. De petits appareils (35 mm) sont parfois employés, notamment pour déceler les changements.

Les photographies aériennes sont prises le long de *lignes de vol*, avec un *recouvrement longitudinal* d'au moins 60 % entre les cadres pour permettre une vision et une *couverture stéréoscopiques*. Le modèle stéréoscopique permet de mesurer la hauteur à l'aide de *stéréomètres*, habituellement des barres de *parallaxe*, et de redresser l'image photographique en vue de son *interprétation*.

Le *recouvrement latéral*, généralement de 30 %,entre des lignes de vol adjacentes, permet d'obtenir une couverture photographique complète d'une zone donnée. La couverture photographique est reportée sur la *carte-index*.

Les imageurs multispectraux produisent soit une bande d'images ininterrompue le long des lignes de vol, soit des clichés qui se recouvrent suffisamment pour assurer une couverture complète.

Pour que les photographies obtenues répondent aux exigences de l'utilisateur, elles doivent être accompagnées de spécifications détaillées. Les spécifications du Comité interministériel des levés aériens (CILA), qui s'appliquent surtout aux cartes topographiques, sont les plus connues au Canada.

## 2. Applications

L'utilisation d'un jeu d'images donné dépend principalement de l'échelle des clichés; plus l'échelle est petite, plus la zone couverte est vaste, mais plus les détails sont restreints.

En règle générale, la relation entre l'échelle et l'utilisation est la suivante:

Très petite échelle, environ 1/1 000 000: vue d'ensemble régionale
Petite échelle, environ 1/60 000: études de reconnaissance et des formes du relief
Moyenne échelle, habituellement 1/20 000, 1/15 000 et 1/12 500: inventaires forestiers
Grande échelle, environ 1/1 000: dendrométrie détaillée (Les échelles comprises entre 1/100 000 et 1/500 000 sont rarement utilisées.)

Dans les inventaires forestiers, la photographie panchromatique (noir et blanc) est la plus fréquemment utilisée. Le film infrarouge noir et blanc a habituellement été utilisé pour identifier les différentes essences, mais il est désormais délaissé au profit du film en couleurs. La photographie infrarouge en couleurs est de plus en plus employée, notamment pour faire ressortir la végétation maladive; les images infrarouge en couleurs sont habituellement des photographies lorsqu'elles sont prises à bord d'aéronefs, ou des images multispectrales composites lorsqu'elles sont transmises par des satellites.

À des fins d'inventaire forestier, il est fréquent de prendre des photographies aériennes à moyenne échelle de l'ensemble de la zone à l'étude. Les photographies peuvent être utilisées pour dresser des *cartes de base*, ou des *photocartes*, mais elles servent surtout dans la classification des terres et des forêts. L'interprète examine le modèle de couples stéréoscopiques et reconnaît les caractéristiques du peuplement comme la composition des espèces, la hauteur et la *fermeture du couvert*. Les limites entre les peuplements peuvent être définies et utilisées pour produire une carte typologique. L'interprète doit parfois identifier de nombreux autres détails afférents à la gestion des terres. Ces compétences sont acquises par une formation et l'expérience. Des vérifications aériennes et au sol sont effectuées ainsi que les références aux clés d'interprétation, aux *stéréogrammes* et aux données obtenues lors de relevés terrestres.

Des images à petite échelle sont parfois utilisées dans les inventaires forestiers, notamment pour construire des cartes et pour établir les grandes classes de forêts et de terres; les caractéristiques des peuplements ne peuvent être déterminées avec précision.

Les données obtenues par satellite à très petite échelle sont transférées sur une bande magnétique, laquelle peut être analysée à l'aide d'un dispositif électronique ou reproduite sous forme d'image. La résolution du *balayeur multispectral Landsat* est de 80 m, celle du *cartographe thématique*, de 20 m et celle du satellite français *SPOT*, de 10 m. La *surveillance* des changements est l'une des applications des images obtenues par satellite.

La photographie à grande échelle permet de mesurer des arbres témoins à l'aide de techniques de photogrammétrie au lieu d'effectuer des mesures coûteuses sur le terrain, par exemple pour estimer le taux de *régénération*. Elle s'obtient à l'aide de bandes-échantillons ou de couples stéréoscopiques seulement, et doit compter sur une façon précise de déterminer l'échelle, comme un *radar* ou un *altimètre au laser*.

Les estimations du cubage effectuées dans les inventaires forestiers au Canada sont basées sur des échantillons prélevés sur le terrain, dans la *strate* établie par les cartes typologiques.

Il n'est pas nécessaire de relier les estimations faites lors des inventaires à un système cartographique ou typologique. Les systèmes d'*échantillonnage* à deux phases utilisent les estimations du volume faites par les interprètes durant la première phase; ces estimations sont rectifiées par des mesures sur le terrain effectuées durant une deuxième phase et se rapportant à certaines des parcelles photographiques.

Certains inventaires forestiers utilisent plusieurs échelles d'imagerie dans les définitions de l'échantillonnage étagé. À des stades successifs, des segments progressivement plus petits de la zone inventoriée sont échantillonnés à des échelles progressivement plus grandes et plus détaillées; la dernière étape consiste habituellement à prélever des échantillons sur le terrain.

# Cartographie

Les photographies aériennes sont la principale source de données pour l'établissement des cartes. Les données obtenues par des relevés sur le terrain servent surtout à fournir des *points de contrôle* pour délimiter l'échelle de la carte, à *mettre à jour* les cartes en l'absence de photographies aériennes adéquates, et à inspecter et à rectifier la *photo-interprétation*. À l'occasion, des cartes sont dressées uniquement à l'aide de données recueillies sur le terrain.

Les cartes de base ne montrent que les caractéristiques planimétriques requises. Règle générale, elles sont dérivées de *cartes topographiques*, par exemple du Système national de référence cartographique. En l'absence de celles-ci, les cartes de base sont tracées à l'aide de photos aériennes comportant des points de contrôle. Elles servent à localiser des données forestières supplémentaires, par exemple les limites d'un type de peuplement ou de forêt obtenues en interprétant les photographies aériennes, ou les limites des propriétés foncières. Lorsque des données forestières sont ajoutées à la carte de base, celle-ci devient une *carte forestière*.

Les cartes de base sont produites à l'aide de cartes existantes, lesquelles sont placées dans un instrument de projection optique, le *projecteur vertical*, le *stéréorestituteur* ou la chambre claire (par exemple Sketchmaster). Elles sont rectifiées pour projeter une image à une échelle donnée sur la base de carte. L'information cartographique désirée est ensuite reportée sur la base pour produire la carte de base.

Une méthode semblable est employée pour inclure des données forestières sur la carte de base. Premièrement, les photographies aériennes sont interprétées et les limites des types forestiers et d'autres caractéristiques sont déterminés. Ensuite, les photographies sont introduites dans le projecteur optique, lequel projette l'image sur la carte de base. À ce stade, l'image peut subir une *rectification*, c'est-à-dire qu'elle est ajustée pour tenir compte de l'échelle et de l'*inclinaison*. Avec certains appareils, on peut également redresser l'image pour tenir compte du déplacement radial. Enfin, l'information forestière voulue contenue dans l'image est reportée sur la carte de base sous forme de *polygones*.

En l'absence de carte topographique pour dresser la carte de base, l'image aérienne est projetée sur un canevas de stéréopréparation, et les données forestières et cartographiques sont extraites simultanément des photos pour produire la carte forestière.

Le contrôle de l'échelle est effectué en reportant la position des points de contrôle, laquelle est connue aussi bien sur les photos aériennes que terrestres. Le ministère fédéral de l'Énergie, des Mines et des Ressources et les organismes provinciaux d'arpentage fournissent les données de contrôle. L'emplacement et l'espacement des points de contrôle sur une carte de base dépendent du système de *projection cartographique*. Les systèmes adaptés à la foresterie sont la projection polyconique, la projection conforme de Lambert, la projection conique à deux parallèles et la projection transversale universelle de Mercator. Tous les systèmes comportent des imprécisions inhérentes mais, en réalité, chacun peut être utilisé sans qu'il y ait d'erreur importante dans la cartographie de zones dont la superficie peut atteindre quelques centaines de kilomètres carrés. La projection transversale universelle de Mercator est la plus commune.

Les échelles de carte recommandées pour une utilisation d'unités métriques sont établies d'après la série numérique 1-2-5, c'est-à-dire 1/10 000, 1/20 000 et 1/50 000. L'équidistance des courbes de niveau doit aussi être conforme à la série numérique 1-2-5.

Les dimensions de la carte sont habituellement déterminées d'après la dimension appropriée des feuilles (quelque peu régie par les dimensions du papier disponibles) et l'échelle. Les limites de la carte suivent généralement les lignes de la grille du système de coordonnées de quadrillage et le Système national de référence cartographique, d'après les degrés de longitude et de latitude. La grille township-parcours-méridien est utilisée dans plusieurs parties du Canada. Les limites de la carte peuvent également être établies d'après la grille de projection transversale universelle de Mercator, dans laquelle la surface de la terre est divisée en rectangles successivement plus petits exprimés en unités métriques. Cette grille offre des avantages et est de plus en plus utilisée. Il est recommandé d'utiliser la grille de projection transversale de Mercator à six degrés comme repère pour toutes les cartes forestières.

Les cartes d'un système particulier (par exemple le Système national de référence cartographique) mais couvrant plusieurs régions à différentes échelles sont libellées selon un *système de référence cartographique;* plusieurs de ces systèmes sont actuellement utilisés.

Les cartes forestières sont habituellement mises à jour de façon cyclique. Si le cycle est de 10 ans, le dizième de la région est de nouveau photographiée chaque année et les cartes sont révisées en conséquence. Les cartes de régions plus petites vulnérables aux perturbations (feux, insectes, etc.) peuvent être mises à jour plus fréquemment. Les cartes sont généralement établies dans un format qui facilite la reproduction et la mise à jour. Les cartes projetées sur un transparent peuvent être reproduites à peu de frais sous forme de bleus. Elles peuvent aussi être lithographiées.

L'utilisation de *systèmes d'information géographique* dans les inventaires forestiers canadiens a entraîné l'intégration de données statistiques et de données sur les arbres et les peuplements à la cote des cartes géographiques. L'annexe 3 décrit un système semblable. De nombreux autres systèmes de ce type ont été mis sur le marché.

Les cartes forestières ont pour objet principal de déterminer l'emplacement et la superficie des peuplements forestiers, des types forestiers, des *strates* et d'autres secteurs de la superficie forestière. Les strates sont des groupes de peuplements forestiers ayant des caractéristiques communes. La stratification accroît l'efficacité de l'échantillonnage en réduisant le nombre d'échantillons requis pour atteindre une norme de *précision* de l'échantillonnage. On peut échantillonner des secteurs afin d'estimer certaines caractéristiques comme le volume, la *surface terrière* et le nombre d'arbres par unité de surface. Ces estimations sont ensuite élargies afin de fournir des estimations totales pour chaque secteur et pour l'ensemble de l'aire considérée. Les cartes forestières servent aussi de base pour les *inventaires d'exploitation,* les *relevés* du réseau routier, la planification des travaux sur le terrain, la régénération forestière, la recherche forestière et la gestion d'autres ressources.

# Caractéristiques du volume

Dans la plupart des inventaires forestiers, le volume de bois est le principal paramètre estimé. Il est calculé pour une grande variété de classes et exprimé de diverses manières. D'autres caractéristiques (surface terrière, accroissement) sont également évaluées de diverses façons, mais à un degré moindre.

## 1. Classification du volume

La classification des données volumétriques a pour objet de présenter efficacement les données en fonction de leur utilisation.

Les estimations du volume peuvent être classées en fonction des classes de terres et de forêtss décrites antérieurement. En d'autres termes, le volume est l'une des caractéristiques résumées par les classes de forêts et de terres.

Le volume est évalué par essence ou par groupe d'essences, souvent en même temps que les *classes de diamètre*. Ces dernières peuvent être aussi petites que les classes de *diamètre à hauteur de poitrine* de 2 cm, ou peuvent être des classes générales dont les limites sont reliées à leur utilisation, par exemple *bois de sciage* et *bois de pâte*.

Le volume d'un peuplement est classé par groupes d'espèces, parfois en combinaison avec une norme d'utilisation: si le volume d'un peuplement par hectare est inférieur à un chiffre donné, le peuplement est considéré comme n'étant pas rentable pour l'exploitation ou commercialisable. La terminologie est assez vague dans ce domaine, mais «qualité marchande» est une expression parfois utilisée.

## 2. Types de volumes

En règle générale, le volume des arbres est divisé en deux catégories, dont chacune comprend deux sous-catégories:

    i)    le volume brut qui ne tient aucun compte des défauts ni de la pourriture de l'arbre, contrairement au volume net;

    ii)    le volume total qui correspond au volume avec écorce de la tige principale, y compris la souche et la cime; le volume marchand est le volume de bois qui peut être extrait d'un arbre, généralement le volume total moins le volume de la souche et de la cime.

Le volume d'un arbre et le volume d'un peuplement sont généralement exprimés en termes de volume *brut total*, volume *brut marchand* ou volume *net marchand*. L'utilisation de l'arbre complet a entraîné l'apparition d'une quatrième expression: *biomasse forestière*.

### 3. Formules et tarifs de cubage

La mesure directe du volume d'un arbre et d'un peuplement est difficile et coûteuse. Donc, la plupart des inventaires forestiers utilisent des formules ou tarifs qui relient le volume à des caractéristiques plus facilement mesurables.

Les *formules de cubage* du bois sont généralement établies pour une essence, rarement pour des *classes de forme*, par une analyse de *régression*, d'après les mesures du volume et les caractéristiques plus facilement mesurables, appelées variables indépendantes. Les formules de cubage peuvent être transformées en *tarifs de cubage*, qui indiquent les volumes pour certaines valeurs de «variables indépendantes».

Les *tables de rendement* peuvent être considérées comme un type de tarif de cubage d'un peuplement. Presque toutes les tables de rendement sont établies pour des peuplements équiennes composés d'une essence (ou groupe d'essences) et indiquent, pour différentes *qualités de station*, l'évolution dans le temps de certaines caractéristiques de l'arbre, comme le diamètre à hauteur de poitrine(dhp) et la hauteur, et de certaines caractéristiques du peuplement comme la surface terrière et le volume par hectare. Les *tables de rendement normales* s'appliquent à des peuplements hypothétiques à *densité relative adéquate*; les *tables de rendement empiriques* s'appliquent à un peuplement réel. Pour les peuplements de seconde venue, des tables de rendement pour peuplements de densité variable sont préparées. Les effets de certaines pratiques de gestion, comme l'*éclaircie*, sont précisés dans les *tables de rendement à densité variable* selon l'intensité du traitement.

Une autre catégorie de formules et de tarifs de cubage est celle utilisée pour estimer le volume à partir de photographies aériennes. Les formules de cubage des arbres utilisées avec les photographies aériennes à grande échelle ressemblent aux formules de cubage normales, sauf que le dhp est remplacé par une variable mesurable sur des photographies aériennes à grande échelle, par exemple la *projection de la cime*. D'autres variables indépendantes, par exemple le *diamètre de la cime* sont parfois utilisées. Les formules sont souvent établies pour des groupes d'essences plutôt que pour une seule essence.

Les tarifs photogrammétriques peuvent être établis en vue d'estimer le volume d'un peuplement composé d'une seule essence forestière ou de groupes forestiers ou de types forestiers. Les variables indépendantes sont habituellement la *hauteur du peuplement* et la fermeture de la cime, et parfois le diamètre moyen de la cime. Les formules, transformables en tarifs, comportent des estimations par hectare. Les estimations suffisent lorsqu'une grande précision n'est pas requise.

# Échantillonnage sur le terrain

## 1. Unités d'échantillonnage

Des renseignements détaillés sur les arbres et les peuplements sont habituellement obtenus à partir d'*unités d'échantillonnage* qui englobent l'échantillon. Ils constituent l'une des sources majeures de données sur l'inventaire forestier. Une unité d'échantillonnage est caractérisée par l'un ou l'autre des qualificatifs, dans chacune des trois classes suivantes:

> i) *place-échantillon* ou *point d'échantillonnage*
> ii) *simple* ou *en grappes*
> iii) *temporaire* ou *permanente*

Ainsi, une unité d'échantillonnage donnée peut être une place-échantillon simple permanente, tandis qu'une autre peut être classée comme étant une grappe temporaire de points d'échantillonnage.

Les places-échantillons, d'une superficie prédéterminée, peuvent être circulaires, rectangulaires (y compris les places carrées et en bandes) ou même triangulaires, et avoir n'importe quelle dimension appropriée. Habituellement, elles couvrent de 1 à 4 m$^2$, dans le cas des études de régénération, et peuvent atteindre 0,5 ha, dans le cas des inventaires de vieilles forêts. Les nouvelles données de mesurage sont recueillies sur des parcelles permanentes afin d'évaluer les changements dans le temps.

Les points d'échantillonnage sont des unités d'échantillonnage dont les limites, la forme et la superficie ne sont ni déterminées ni précisées. Les arbres échantillonnés sont sélectionnés à l'aide d'une *jauge angulaire*, comme un *prisme* ou un *relascope*. Les données provenant de mesures prises sur les arbres sélectionnés sont exprimées par hectare. Le nombre d'arbres choisis en un point dépend de l'angle de la jauge. La superficie est indirectement exprimée en *facteur de surface terrière*; les facteurs habituellement utilisés sont 2 et 4 m$^2$/ha.

Les points d'échantillonnage sont également appelés «placettes circulaires à rayon variable», «parcelles au relascope», «parcelles de Bitterlich» et «parcelles-échantillons de superficie variable». Toutefois, ces échantillons ne sont pas des places-échantillons car ils n'ont pas de limite définissable ni de superficie prédéterminée.

## 2. Caractéristiques de l'arbre

Dans chaque unité d'échantillonnage, un certain nombre de caractéristiques forestières sont estimées ou mesurées sur la totalité ou une partie des arbres. Les arbres morts ou très endommagés sont habituellement exclus du *comptage*.

Le dhp de l'arbre est mesuré à l'aide d'un *galon circonférentiel*, d'un *pied à coulisse*, ou estimé à l'oeil selon la précision requise. Il est enregistré dans les classes de diamètre de la tige.

Les mesures du diamètre de la tige peuvent être prises autrement qu'à *hauteur de poitrine*, à l'aide d'un *dendromètre optique*. Elles servent à calculer le volume de l'arbre sans recourir aux formules de cubage, ou à calculer le *quotient de forme*.

L'accroissement et l'âge d'un arbre sont déterminés à partir d'une *carotte* extraite à l'aide d'une *tarière de Pressler*. On détermine l'âge de l'arbre en comptant le nombre de cernes, et l'*accroissement* en mesurant la largeur de ces cernes. On ajoute ensuite le nombre d'années écoulées jusqu'à ce que l'arbre atteigne la hauteur voulue. L'épaisseur de l'écorce peut être mesurée à l'aide d'une *sonde à écorce*.

Le diamètre et la *longueur de la cime* sont mesurés ou estimés moins souvent. Les défauts visibles et des indices de pourrissement (*carie*) sont habituellement notés, et les *taux de carie* sont calculés.

Des mesures particulières sont parfois requises à des fins spécifiques. Les arbres peuvent être coupés et sectionnés, et des mesures faites pour déterminer le volume de bois en bon état et le volume total de l'arbre, le volume marchand, le volume brut et le volume net, et pour établir des formules et des tarifs pour ces quatre catégories.

### 3. Caractéristiques du peuplement

Certaines caractéristiques du peuplement sont mesurées sur le terrain, par exemple la surface terrière à l'hectare mesurée en un point d'échantillonnage et le matériel relatif de régénération. D'autres peuvent être estimées, notamment la composition des essences, le type forestier, la *classe de qualité de la station* et la *classe de productivité*, ainsi que la hauteur dominante et la fermeture du couvert. Toutefois, presque toutes les caractéristiques sont compilées à partir de mesures faites sur des arbres individuels sur une parcelle.

## Compilations et sommaires des données

Les données sont résumées sous forme de tableaux et de cartes forestières. Les cartes indiquent les limites des classes de forêts et de terres et les principaux accidents géographiques. Elles peuvent inclure d'autres données de télédétection, par exemple des données sur les types forestiers et leurs caractéristiques. Elles sont normalement accompagnées de données tabulaires qui ne peuvent être reportées sur les cartes.

Les sommaires sont souvent requis pour certaines sections de la superficie inventoriée, par exemple les classes de forêts et de terres précisées au début de l'inventaire, et les combinaisons de classes ou de polygones. Des compilations peuvent être faites au besoin.

En règle générale, la valeur moyenne à l'hectare d'une caractéristique donnée (par exemple volume, surface terrière, accroissement) est calculée ainsi que la *précision* (*variance*) estimée pour une section donnée. La formule utilisée pour calculer les moyennes et les variances varie selon la méthode d'échantillonnage utilisée dans l'inventaire. La superficie de la section est ensuite déterminée et appliquée à la moyenne, pour obtenir le volume total de cette section.

La superficie peut être estimée à partir de cartes forestières en utilisant une table numérique, un planimètre ou un *point coté*. Si les sections ne sont pas portées sur des cartes, la superficie peut être estimée d'après la proportion d'unités d'échantillonnage dans la section considérée.

Les estimations du volume sont faites en appliquant les mesures de l'arbre (dhp, hauteur) effectuées sur des unités d'échantillonnage, aux formules de cubage pour déterminer le volume des arbres; celui-ci est utilisé pour calculer le volume des unités d'échantillonnage, à partir duquel le volume moyen est calculé.

Une autre méthode employée pour déterminer le volume moyen de la parcelle consiste à mesurer le volume de chaque arbre d'un sous-échantillon à l'aide d'un dendromètre optique, dans les unités d'échantillonnage.

D'après les données sur le terrain, des compilations sont faites pour un certain nombre d'autres caractéristiques, par exemple le nombre d'arbres à l'hectare, la surface terrière à l'hectare, l'âge moyen, le matériel de régénération, et les estimations du volume, de la surface terrière et du dhp. Les données sur l'accroissement et l'*épuisement* sont habituellement compilées par peuplement, à partir de places-échantillons permanentes, ce qui permet d'évaluer les changements comme le *recrutement* et la *mortalité*.

Le volume par hectare peut être indiqué par classes de dhp et par espèces dans des *tables de stock*. Le nombre d'arbres par hectare peut être indiqué par classes de diamètre à hauteur de poitrine et par espèces dans des *tables de peuplement*.

La grande variété de tables récapitulatives dans les inventaires forestiers reflète les buts et intensités différents des inventaires. Il peut s'agir d'inventaires de faible intensité à but unique pour estimer le volume brut sur de grandes superficies, d'inventaires de grande intensité à buts multiples effectués à des fins d'aménagement, de cartographies de grande intensité et du dénombrement des peuplements exploitables. Les tables récapitulatives de ces inventaires diffèrent en nombre et selon le type et la quantité d'information qu'elles contiennent. Toutefois, chaque table récapitulative comprend des renseignements sur la superficie totale inventoriée, les classes de terres et de forêts utilisées et la superficie de chaque classe. Pour les classes plus importantes, par exemple les *terrains forestiers productifs*, les données sur les paramètres précisés sont suffisamment détaillées pour répondre aux exigences de l'inventaire.

## Systèmes d'information géographique

Les progrès récents réalisés dans le domaine des systèmes d'information géographique (SIG) ont permis d'emmagasiner, de compiler et de reproduire des données cartographiques et forestières à l'aide d'un ordinateur. Cette technique permet d'emmagasiner, d'analyser et de fournir des données numériques sur le volume de bois et d'autres *attributs* des forêts et des terres, en relation directe avec l'emplacement de leur occurrence. Les tendances actuelles de ces systèmes sont orientées vers leur utilisation accrue à des coûts de logiciel et d'unité moindres. Le Système de données sur les terres du Canada, décrit à l'annexe 3, constitue l'un de ces systèmes.

La forme de la carte peut être identique, qu'elle soit produite par des méthodes traditionnelles ou imprimée à partir d'un ordinateur. Des données statistiques peuvent être recueillies pour toute parcelle de type de couvert forestier dans un polygone, la plus petite surface portée sur la carte. Des sommaires pour tout groupement ou classification peuvent être compilés et imprimés sous forme de tableaux.

Cette méthode a été utilisée à l'échelle nationale, notamment dans l'inventaire des forêts du Canada en 1981 et 1986. L'unité utilisée est une cellule ou un carré d'environ 100 km$^2$. Le couvert forestier de l'ensemble du pays est inclus dans près de 44 000 cellules. Les sections d'inventaire des services provinciaux des forêts ont constitué la source majeure de ces inventaires.

# Partie II

# Glossaire

La partie II a pour objet de définir et d'expliquer les termes habituellement utilisés dans les inventaires forestiers au Canada. Certains termes plus étroitement associés à l'aménagement forestier et à la sylviculture sont inclus lorsqu'ils se rapportent à un traitement ou décrivent une condition applicable à une zone susceptible d'être cartographiée.

Les termes du glossaire sont placés par ordre alphabétique. Dans certains cas, des familles de termes (par exemple les divers types de tarifs de cubage) sont groupées afin de permettre au lecteur de les comparer plus facilement. Chaque membre d'une famille de termes (par exemple tarif photogrammétrique) est également inscrit dans l'ordre alphabétique, mais le lecteur doit se référer au nom de famille.

Chaque terme est écrit en caractères gras, suivi de son équivalent dans l'autre langue officielle, puis de sa définition. Lorsqu'un terme a plusieurs définitions, le domaine visé (par exemple télédétection) est indiqué pour chaque définition. Lorsque plusieurs définitions peuvent s'appliquer à un terme–toutes ne figurent pas dans le glossaire –, seules les définitions typiques des inventaires forestiers sont données.

La source de chaque définition est précisée par un chiffre inscrit entre parenthèses. Les sources correspondantes à ces codes numériques sont les suivantes:

(1)   Comité de l'Inventaire des forêts du Canada, Sous-comités et délégués.

(2)   Aldred, A.H. 1981. A federal/provincial program to implement computer-assisted forest mapping for inventory and updating. Dendron Resource Surveys Ltd., Ottawa, Ont.

(3)   Avery, T.E. 1968. Interpretation or aerial photographs. 2nd ed. Burgess Publ. Co., Minneapolis, Minn.

(4)   Bowen, M.G.; Bonnor, G.M.; Morrier, K.C. 1981. Canadian Forest Resource Data Systems -- Preliminary manual for annual district reporting of change data. Canadian Forestry Service, Forestry Statistics and Systems Branch, Chalk River (Ont.)

(5)   Association canadienne de normalisation. 1977. Mesurage des bois ronds. CAN 3-0302. 1-M77. Rexdale (Ont.)

(6)   Chandor, A.; Graham, J.; Williamson, R. 1980. The Penguin dictionary of computers. 2nd ed. Penguin Books, Markham, Ont.

(7)    Coldwell, R.N., editor in chief. 1983. Manual of remote sensing. 2nd ed. American Society of Photogrammetry, Falls Church, Va.

(8)    Davis, K.P. 1966. Forest management; regulation and valuation. 2nd ed., McGraw-Hill, New York, N.Y.

(9)    Draper, N.R.; Smith, H. 1981. Applied regression analysis. 2nd ed. John Wiley and Sons Inc., New York, N.Y.

(10)    Empire Forestry Association. 1953. British Commonwealth forest terminology, Part I. London, England.

(11)    Falconer, G. (Conseiller principal, Informations géographiques nationales, Énergie, Mines et Ressources) Communication personnelle à M. W.A. Kean (Institut forestier national de Petawawa, Chalk River (Ont.), 21 mai 1986.

(12)    Ford-Robertson, F.C., editor. 1971. Terminology of forest science, technology, practice and products. Multilingual Forestry Terminology Series No 1. Published by Society of American Foresters, Washington, D.C.

(13)    Direction de la statistique forestière et des systèmes. 1984. Présentation et réduction des données sur les changements touchant des forêts - Étude-pilote au Manitoba. Service canadien des forêts, Institut forestier national de Petawawa, Chalk River (Ont.) Rapport d'information PI-X-36F.

(14)    Freedman, A. 1983. The computer glossary for everyone: It's not just a glossary, Prentice-Hall Inc., Englawood Cliffs, N.Y.

(15)    Hall, R.J. 1982. Uses of remote sensing in forest pest damage appraisal. Proceedings of a seminar held May 8, 1981 in Edmonton, Alberta. Environment Canada, Canadian Forestry Service, Northern Forest Research Centre, Edmonton, Alta. Inf. Rep. NOR-X-238.

(16)    Husch, B.; Miller, C.I.; Beers, T.W. 1972. Forest mensuration. 2nd ed. John Wiley & Sons, New York, N.Y.

(17)    Jordain, P.B.; Breslau, M. 1969. Condensed computer encyclopedia. McGraw-Hill Book Co., New York, N.Y.

(18)    Kleinbaum, D.G.; Kupper, L.L. 1978. Applied regression analysis and other multivariable methods. Duxbury Press, North Scituate, Mass.

(19) Lund, H.G. 1986. A primer on integrating resource inventories. U.S. Department of Agriculture, Forest Service, Washington, D.C.

(20) McGraw-Hill encyclopedia of science and technology. 1966. McGraw-Hill Book Co., New York, N.Y.

(21) Ministry of Natural Resources. 1986. Timber management planning manual. Toronto, Ont.

(22) Naval Reconnaissance and Technical Support Centre. 1967. Image interpretation handbook, Vol. 1. Department of Defense, Washington, D.C.

(23) Richards, J.A. 1986. Remote sensing digital image analysis. Springer-Verlag, New York, N.Y.

(24) Slama, C.C., editor. 1980. Manual of photogrammetry, 4th ed. American Society for Photogrammetry and Remote Sensing, Falls Church, Va.

(25) Society of American Foresters. 1958. Forestry terminology, 3rd ed. (rev.) Washington, D.C.

(26) Spatial Data Transfer Committee. 1979. Standard format for the transfer of geocoded polygon data. Energy, Mines and Resources, Ottawa, Ont.

(27) Steel, R.G.D.; Torrie, J.H. 1980. Principles and procedures of statistics. McGraw-Hill Book Company, New York, N.Y.

(28) Swain, P.H.; Davis, S.M. 1978. Remote sensing: the quantitative approach. McGraw-Hill Inc., New York, N.Y.

(29) Titus, S.J. 1980. Multistage sampling: what's it all about? Pages 116-123 *in* C.L. Kirby and R.J. Hall, editors. Proc. Applications of remote sensing to timber inventory workshop. Environment Canada, Canadian Forestry Service, Northern Forest Research Centre, Edmonton, Alta. Inf. Rep. NOR-X-224.

(30) United Nations Economic Commission for Europe and the Food and Agriculture Organization. 1985. The forest resources of the E.C.E. Region (Europe, the USSR, North America). Geneva.

(Ouvrages français consultés pour la version française du Glossaire).

(31) Woolf, H.B., editor in chief. 1976. Webster's new collegiate dictionary. G. & C. Merriam Co., Springfield, Mass.

(32) Association cartographique internationale. 1973. Dictionnaire multilingue des termes techniques cartographiques.

(33) Association des ingénieurs forestiers de la province de Québec. 1946. Vocabulaire forestier. La Forestière, Québec.

(34) Association française de normalisation. 1961. Normes françaises. Bois - Vocabulaire, NF B-50-002. Paris, AFNOR, 2e tirage (1965).

(35) Comité français de cartographie. 1970. Bulletin du Comité français de cartographie. Fascicule no 46, Éditions Internationales.

(36) Conseil international de la langue française, A. Métro. 1975. Terminologie forestière: sciences forestières, technologie, pratiques et produits forestiers.

(37) Conseil international de la langue française. 1980. Vocabulaire de la typographie, Hachette, Paris.

(38) Cruset, Jean. 1976. La photogrammétrie: définitions, méthodes, historique et terminologie. La Banque des mots, No 11, Presses universitaires de France.

(39) Fédération internationale des géomètres. 1963. Dictionnaire multilingue de la Fédération internationale des géomètres. Argus, Amsterdam.

(40) Freedman, Alan. 1985. Les mots de la micro. Éditions de P.S.I.

(41) Gagnon, Hubert. 1974. La photo aérienne: son interprétation dans les études de l'environnement et de l'aménagement du territoire. Les Éditions H.R.W. Ltée, Montréal.

(42) Girodet, Jean. 1976. Logos: grand dictionnaire de la langue française, avec la collaboration de Gérard Legrand et Bruno Villiené, Bordas, Paris.

(43) Grand Larousse encyclopédique en dix volumes. 1982. Larousse, Paris.

(44) I.B.M. 1977. Terminologie du traitement de l'information. Paris.

(45)  Institut géographique national. 1961. Lexique anglais-français des termes appartenant aux techniques en usage à l'Institut géographique national. 2e éd., Paris.

(46)  Langferd, Michel; Regent, J.; Montelé, G. 1981. Encyclopédie pratique de laboratoire, Paris, Montel.

(47)  Landsheere, Gilbert de. 1979. Dictionnaire de l'évaluation et de la recherche en éducation; avec lexique anglais-français. Presses universitaires de France.

(48)  Le Beux, Pierre. 1982. Dictionnaire de micro-informatique. Sybex, Paris.

(49)  Ministère des Terres et Forêts, Service de la forêt rurale. 1972. Quelques termes d'aménagement forestier: quelques termes de sylviculture.

(50)  Morice, E.; Bertrand, M. 1968. Dictionnaire de statistique. Dunod, Paris.

(51)  Morvan, Pierre. 1981. Dictionnaire de l'informatique. Larousse, Paris.

(52)  Organisation hydrographique internationale. 1974. Dictionnaire hydrographique, partie I. Publication spéciale no 32, 3e éd., Monaco.

(53)  OTAN. 1982. NATO glossary of terms and definitions for military use: English and French = Glossaire OTAN des termes et des définitions à usage militaire: anglais et français. Défense nationale Canada.

(54)  Paul, Serge. 1982. Dictionnaire de télédétection aérospatiale. Masson.

(55)  Valin, Hélène. 1983. Glossaire anglais-français de la photogrammétrie, Énergie, Mines et Ressources Canada.

(56)  Milsant, Jeanne. 1986. Lexique d'informatique et de micro-informatique. Eyrolles, Paris.

(57)  Piéron, H. 1973. Vocabulaire de la psychologie, 5e éd. Presses universitaires de France, Paris.

Au besoin, la définition est accompagnée d'une explication sur l'usage courant du terme, et d'une référence à des termes connexes.

accélération de croissance
Voir *croissance de peuplement.*

**accentuation de l'image** (télédétection): [digital enhancement]
Filtrage des données et autres procédés statistiques ou non visant à manipuler des pixels afin de produire une image sur laquelle des caractères particuliers sont accentués à des fins d'interprétation visuelle (manuelle) (28).

**accentuation marginale** (télédétection): [edge enhancement]
Utilisation de techniques analytiques en vue de souligner les transitions dans l'imagerie (7).

**accessibilité:** [accessibility]
Évaluation de l'effet total que les contraintes, dues à l'accès principal, au relief et au sol, exercent sur le coût d'exploitation d'un peuplement donné (1).

**accroissement:** [increment]
Augmentation du diamètre, de la surface terrière, de la hauteur, du volume, de la qualité ou de la valeur d'un arbre ou d'un peuplement au cours d'une période donnée (13).

Les types d'accroissement suivants sont habituellement reconnus.

**annuel courant:** [current annual increment] Accroissement au cours d'une année donnée (1).

**annuel moyen:** [mean annual increment] Accroissement annuel moyen des arbres de tous les âges (1).

**annuel périodique:** [periodic annual increment] Accroissement annuel moyen pendant une période déterminée, habituellement 5, 10 ou 20 ans (1).

**brut:** [gross increment] a) S'il s'agit de peuplements, accélération de croissance plus recrue et mortalité; b) s'il s'agit d'arbres, accroissement (1).

**net:** [net increment] a) S'il s'agit de peuplements, accroissement brut après soustraction de la mortalité; b) s'il s'agit d'arbres, accroissement (1).

**normal:** [normal increment] a) Accroissement d'une forêt normale; b) accroissement d'un peuplement complet, de santé normale (1).

accroissement annuel courant
   Voir *accroissement.*

accroissement annuel moyen
   Voir *accroissement.*

accroissement annuel périodique
   Voir *accroissement.*

accroissement brut
   Voir *accroissement.*

accroissement des survivants
   Voir *croissance de peuplement.*

accroissement net
   Voir *accroissement.*

accroissement normal
   Voir *accroissement.*

**acuité visuelle:** [acuity, visual]
   Mesure de l'aptitude de l'œil à séparer les détails d'un objet (24).

à deux étages
   Voir *étage.*

**affichage** (informatique, télédétection): [display]
   Opération consistant à faire apparaître un dessin ou une image sur un visuel (51).

**âge:** [age]
   a)  S'il s'agit d'un arbre:
       **âge à hauteur de poitrine:** [breast height age] Nombre de cernes annuels entre l'écorce et la moëlle, comptés à hauteur de poitrine (1).
       **âge à hauteur de souche:** [stump age] Nombre de cernes annuels entre l'écorce et la moëlle, comptés à hauteur de souche (1).
       **âge de maturité:** [harvest age] Nombre d'années écoulées entre l'ensemencement et la maturité (8).
       **âge total:** [total age] Nombre d'années écoulées depuis la germination de la graine, ou le débourrage du bourgeon, de la bouture ou du drageon (36).

b) S'il s'agit d'une forêt, d'un peuplement ou d'un type forestier, l'âge moyen des arbres qui en font partie (36).

**âge de récolte:** [harvest age] Nombre d'années écoulées entre le moment où on a semé ou planté les plants et la récolte finale (8).

**âge total:** [total age] La moyenne des âges de tous les arbres qui en font partie (36).

**âge à hauteur de poitrine**
> Voir *âge*.

**âge à hauteur de souche:**
> Voir *âge*.

**âge total**
> Voir *âge*.

**aire de coupe**
> Voir *coupe totale*.

**ajouts:** [additions]
> Superficies ajoutées aux terrains forestiers productifs (9).

**algorithme** (informatique) [algorithm]:
> Ensemble d'instructions ou de règles opératoires servant à résoudre un problème particulier.

**altimètre:** [altimeter]
> Instrument indiquant directement la hauteur au-dessus d'une surface de référence (52).

> Habituellement un baromètre anérode qui utilise la pression relative de l'air.

> **altimètre laser:** [laser altimeter] Instrument qui utilise un rayon laser pour estimer l'altitude selon le même principe que l'altimètre radar (1).

> **altimètre radar:** [radar altimeter] Appareil permettant de déterminer l'altitude de vol d'un avion au moyen de la mesure de l'intervalle de temps séparant l'instant d'émission d'un signal électromagnétique de l'instant de réception de ce même signal après réflexion sur le sol (52).

**altimètre radar**
> Voir *altimètre*.

**altitude** (photographie aérienne): [altitude]
Hauteur d'un point comptée suivant la verticale au-dessus d'un plan horizontal de référence, habituellement le niveau moyen de la mer (24).

**amplification de contraste** (télédétection): [contrast stretching]
Accroissement du contraste des images par traitement numérique. La gamme initiale des valeurs numériques est élargie pour utiliser la gamme complète des contrastes de l'émulsion ou de l'appareil de visualisation.(7)

**analyse** (SIG): [analysis]
Contrairement à la manipulation de données, dérivation de nouvelles données par la collecte et le traitement des données de base (polygones, lignes, points, échelles, etc.) (2).

Voir *manipulation*.

**analyse de covariance** (statistique): [analysis of covariance]
Technique alliant les caractéristiques des analyses de la variance et de la régression (27). Elle consiste à décrire la relation entre une variable dépendante continue et une ou plusieurs variables indépendances nominales, tout en surveillant l'effet d'une ou de plusieurs variables indépendantes continues (18).

Voir *variable nominale*.

**analyse de variance** (statistique): [analysis of variance]
Méthode arithmétique utilisée pour décomposer la somme des carrés en termes associés à des sources définies de variance (27). Elle consiste à décrire la relation entre une variable dépendante continue et une ou plusieurs variables indépendantes nominales (18).

Voir *variable nominale*.

**appareil non photogrammétrique:** [nonmetric camera]
Chambre de prise de vues dont l'orientement interne est partiellement connu (24).
L'incorporation de repères de fond de chambre ne permet pas à elle seule de transformer un appareil non photogrammétrique en caméra photogrammétrique.

Voir *caméra photogrammétrique*.

**arbre:** [tree]

Plante ligneuse pérenne de grandes dimensions (plus de 7 m de haut à l'état adulte) avec un tronc unique supportant une cime de forme et de dimensions variables (36).

**arbre loup:** [wolf tree]

Arbre très vigoureux, souvent de forme médiocre, qui occupe plus de terrain que sa valeur ne le justifie et qui porte ainsi (ou risque de porter) dommage à des voisins de plus de valeur. En général, c'est un prédominant ou dominant avec une cime large et encombrante (36).

**arbre périphérique:** [borderline tree]

Arbre si près de la frontière d'une unité d'échantillonnage que d'autres mesures plus précises sont requises pour établir s'il se trouve à l'intérieur ou à l'extérieur de l'unité (1).

**assemblage** (SIG): [merge]

Après suppression des lignes au cours de la reclassification, réduction du nombre de références et de polygones (2).

**attitude:** [attitude]

Orientation angulaire d'une chambre de prise de vues ou de la photographie prise avec celle-ci par rapport à un système de référence externe (24).

**attribut:** [attribute]

Caractéristique requise pour décrire ou préciser une entité. Par exemple, un type de couvert forestier (17).

Voir *référence*.

**azimut** (photogrammétrie): [azimuth]

Azimut du plan principal. Angle mesuré dans le sens des aiguilles d'une montre à partir du nord astronomique (ou du sud) par rapport au plan principal d'une photographie inclinée (24).

## - B -

**balayage** (SIG): [browse]

Sélection et survol rapide, habituellement à l'aide d'un écran de visualisation, d'une partie d'une carte pour vérifier certains modelés intéressants. En règle générale, n'implique aucune analyse ni manipulation de données (2).

**balayeur multispectral:** [multi-spectral scanner]
Principal système de capteurs des satellites Landsat qui fournit des données spectrales dans la région du visible et de réflexion (1).

Voir *cartographe thématique*.

bande-échantillon
Voir *virée continue*.

**bande spectrale** (télédétection): [spectral band]
Aussi appelé «canal spectral». Intervalle du spectre de longueurs d'onde (ou des fréquences) du rayonnement électromagnétique. Selon la position de l'intervalle considéré dans le spectre électromagnétique, on distingue les bandes infrarouges, les bandes hyperfréquences, les bandes radio, etc. (54).

**barre parallaxe:** [parallax bar]
Dispositif micrométrique qu'on utilise avec un stéréoscope pour mesurer des différences de parallaxe linéaire (36).

Utilisée pour mesurer la hauteur des arbres et d'autres écarts de hauteur.

**base:** [air base]
Distance séparant deux points de vue consécutifs (36). Aussi, distance entre le centre de deux photographies juxtaposées (7).

Voir *rapport base/hauteur de vol, point de vue*.

**base de données:** [database]
Groupe de données représentant des informations (19).

**base de données spatiales** (SIG): spatial database
Ensemble de données à référence géographique interreliées emmagasinées sans redondance inutile et utilisé à des fins diverses, dans un système d'information géographique (11).

Voir *système d'information géographique, pointé géographiquement*.

**base photographique** (photogrammétrie): [photo base]
Longueur de la base telle qu'elle apparaît sur une photographie (52). Distance qui sépare, dans l'espace, les points de vue de deux clichés d'une série de photographies aériennes verticales (24).

**biais:** [bias]

Écart entre la valeur prévue de l'estimation et la valeur vraie (1).

Généralement, écart systématique par rapport à la valeur vraie dû à des erreurs non imputables à l'échantillonnage.

Le carré de l'erreur moyenne (CEM), une mesure de la précision, illustre la relation entre la précision et le biais;

$$CEM = (\text{précision})^2 + (\text{biais})^2$$

Voir *carré de l'erreur moyenne, précision.*

**biomasse:** [biomasse]

Masse de matière organique par unité de surface ou de volume de l'habitat (1).

**cellulosique:** [woody biomass] Masse de matière organique par unité de surface dans une végétation ligneuse (1).

**des arbres:** [tree biomass] Masse de matière organique par unité de surface dans les arbres.

a) Toutes ces définitions, à l'exception de celle de la biomasse, doivent être qualifiées, c'est-à-dire biomasse totale, épigée ou souterraine.

b) La masse par unité de surface ou de volume de l'habitat est exprimée en unités métriques de masse ou du volume anhydre lorsqu'il n'y a pas de variation de la teneur en eau à $103 \pm 2\,°C$ dans un four ventilé (1).

**forestière:** [forest biomass] Masse de matière organique par unité de surface dans une forêt (1).

biomasse forestière

Voir *biomasse.*

**bit** (informatique): [bit]

Terme résultant de la contraction de *bi*nary dig*it*. Employé pour désigner un chiffre binaire 1 ou 0 (6). Généralement considéré comme étant la plus petite unité d'information possible (17).

Voir *octet.*

**bloc** (informatique): [block]

Ensemble d'enregistrements, de mots, de caractères ou de chiffres traités comme unité logique de données. Par exemple: les données emmagasinées dans la mémoire sont transmises par blocs aux unités périphériques (6, 17).

**BMS**

Voir *balayeur multispectral*.

**bois de chauffage:** [firewood]

Bois, rond, ou fendu, ou scié, coupé en bûches, quartiers ou rondins de petite longueur, ou déchiqueté en bûchettes, et destiné à être brûlé pour produire de la chaleur (36).

Voir *bois de pâte*.

**bois de chauffage:** [fuelwood]

Bois rond, ou fendu, ou scié, coupé en bûches, quartiers ou rondins de petite longueur, ou déchiqueté en bûchettes, et destiné à être brûlé pour produire de la chaleur (36).

Voir *bois de pâte*.

**bois de pâte:** [pulpwood]

Arbres qui fournissent des grumes de dimensions et de qualité satisfaisantes pour la production de pâte; grumes provenant de ces arbres (1).

Voir *bois de chauffage*.

**bois de sciage:** [sawtimber]

Arbres, grumes ou billes dont le bois est apparemment apte à produire des sciages (36).

**bois rond:** [roundwood]

Sections de tiges d'arbres, avec ou sans écorce (1).

Comprend les grumes, billes, pieux, poteaux et autres produits n'ayant pas encore subi leur première transformation industrielle.

**broussailles:** [brush]

Arbrisseaux et peuplement de petits arbres touffus appartenant à des espèces non commerciales (26).

Voir *débris de coupe*.

**broussailles:** [scrub]
> Formation végétale constituée de petits arbres, arbustes ou arbrisseaux, touffus dès la base, appartenant le plus souvent à des espèces non commerciales, notamment en milieux semi-arides (36).

**brûlis:** [burn; burned-over]
> Terres récemment brûlées (1).

# - C -

**caméra photogrammétrique:** [metric camera]
> Chambre de prise de vues spécialement construite pour la photogrammétrie et dont les caractéristiques géométriques sont obtenues en usine avec une grande précision et très bien connues de l'utilisateur, ce qui lui permet de déterminer l'orientement interne (38).

> Voir *appareil non photogrammétrique.*

**canevas** (cartographie): [control]
> Ensemble des points géodésiques dont la position ou l'altitude, ou les deux, ont été déterminées et qui servent de repères pour situer et relier entre eux les détails figurant sur une carte (52).

**capteur:** [sensor]
> Dispositif généralement électronique destiné à suppléer, en utilisant l'énergie émise ou réfléchie, aux insuffisances sensorielles de l'homme dans la perception de certains phénomènes (52).

> **actif:** [active sensor] Capteur auquel est incorporé ou associé un émetteur pour irradier la scène dans la bande spectrale du récepteur (54).

> **passif:** [passive sensor] Capteur qui enregistre l'énergie électromagnétique émise ou réfléchie d'autres sources (1).

**carie:** [cull]
> Parties d'un arbre ou d'une grume dont le débardage ou l'utilisation à la scierie ne seraient pas économiquement justifiés (36).

**carotte:** [increment core]
> Cyclindre de bois extrait d'un arbre à l'aide d'une tarière de Pressler (1).

> Utilisée pour mesurer les cernes et estimer l'âge et la croissance des arbres.

**carré de l'erreur moyenne** (statistique): [mean square error]
Quantité dont le carré est égal à la somme des carrés d'un certain nombre d'erreurs individuelles, divisée par le nombre de ces erreurs (52).

Voir *erreur type d'une estimation, précision.*

**carte de base:** [base map]
Carte sur laquelle ne figurent que certains éléments planimétriques fondamentaux (réseaux hydrographiques et traits culturels) et utilisée pour établir une carte forestière (1).

**carte dérivée:** [derived map]
Carte dressée à partir d'une autre carte avec ou sans réduction d'échelle, mais en sélectionnant les détails représentés (37).

**carte forestière:** [forest map]
Carte de fond à laquelle ont été ajoutées des données forestières (1).

**carte-index:** [index map]
Carte sur laquelle sont indiquées les limites des bandes de photographies aériennes prises au cours d'un relevé photoaérien ainsi que les limites et le numérotage des photographies successives dans chacune de ces bandes (52).

**carte planimétrique:** [planimetric map]
Carte qui ne comporte pas de représentation du relief et où ne sont figurés que les détails intéressant la planimétrie (52).

Voir *carte topographique.*

**carte topographique:** [topographic map]
Carte donnant une représentation des positions relatives, dans le plan horizontal et en altitude, des détails visibles à la surface terrestre (52).

Voir *carte planimétrique.*

**carte typologique:** [type map]
Carte montrant la répartition géographique, dans une zone forestière, de divers types, par exemple des sols, de la végétation, des peuplements sur l'ensemble d'une surface boisée (36).

**cartographe thématique:** [thematic mapper]

Balayeur à sensibilité spectrale, radiométrique et géométrique supérieure à son prédécesseur et qui fait partie de la charge des satellites Landsat depuis Landsat 4 (1).

Voir *balayeur multispectral.*

**cartographie:** [cartography]

L'art et la science de la représentation graphique, sous forme de cartes géographiques, marines ou autres, des détails physiques de la surface de la terre ou d'un autre corps céleste. Ce terme sert aussi, souvent, à désigner l'ensemble des travaux et des activités diverses des personnes qui contribuent à l'élaboration de la carte (52).

**cartographie automatisée:** [automated mapping]

Opérations cartographiques effectuées sous le contrôle d'une machine. Terme souvent généralisé pour inclure la cartographie assistée par ordinateur où les interventions de l'homme sont nombreuses (2).

**centre** (SIG): [centroid]

Dans le cas d'un polygone, le centre géographique ou la moyenne des valeurs de x et de y composant le périmètre. Utilisé pour localiser un polygone et ses références. Certains ont généralisé le terme, de sorte qu'il peut désigner tout point du polygone (2).

Voir *point de référence.*

**chablis:** [windfall]

Arbre naturellement renversé, déraciné ou rompu par le vent, ou brisé sous le poids de la neige, du givre ou des ans (36).

**chambre claire**

Voir *stéréorestituteur.*

**champ** (informatique): [field]

Partie d'un enregistrement contenant une donnée d'un type déterminé, ou un ensemble de données liées logiquement (51).

**champ de visée instantané:** [instantaneous field of view]

Cône d'analyse d'un détecteur (54).

Voir *ligne de scannage.*

**chicot:** [snag]

Partie inférieure de la tige d'un arbre coupé ou rompu, restée attachée au sol et qui sort de terre (42).

**cible:** [target]

Marque distinctive placée sur un point du terrain afin d'en permettre l'identification sur une photographie. Image elle-même de cette marque sur la photographie (52).

**clairière:** [clearing]

Espace de surface modérément importante, naturellement ou artificiellement ouvert dans la forêt ou la brousse (36).

**classe**

Voir *classe d'âge, classe de cime, classe de diamètre, classe de fertilité, classe de forme, classe de hauteur, classe de maturité.*

**classe d'âge:** [age class]

Subdivision dans laquelle on répartit la série des âges des arbres, des forêts, des peuplements ou des types forestiers. Aussi, l'arbre, la forêt, le peuplement ou le type forestier appartenant à une telle subdivision (1).

**classe de cime:** [crown class]

L'une des subdivisions entre lesquelles peuvent se répartir les arbres constituant un peuplement, en tenant compte à la fois du développement de leurs cimes, et de la situation de ces cimes par rapport à celles des arbres adjacents et (ou) de l'ensemble du couvert (36).

La classification des cimes s'applique à des groupes d'arbres.

**codominants:** [codominant] Arbres dont les cimes forment le niveau général du couvert et reçoivent pleine lumière par le haut, mais relativement peu par les côtés; d'ordinaire, les codominants ont une cime moyennement développée et plus ou moins oppressée sur les côtés (49).

**dominants:** [dominant] Arbres dont les cimes dépassent le niveau général du couvert et reçoivent pleine lumière par le haut et passablement par les côtés. Le dominant dépasse en grosseur la moyenne des arbres du peuplement (49).

**intermédiaires:** [intermediate] Arbres plus petits que les deux classes précédentes, et dont les cimes sont inférieures ou s'étendent au couvert formé par les arbres codominants et dominants; ils reçoivent peu de lumière directe par le haut et aucune par les côtés; ils ont habituellement une petite cime très oppressée sur les côtés.

**simplement ouverts** (en croissance libre): [open grown] Arbres dont la cime reçoit pleine lumière de tous les côtés en raison de l'ouverture du couvert.

**supprimés:** [suppressed] Arbres qui ont leurs cimes dans la partie la plus basse du couvert, les pousses terminales sont surcimées et la croissance est très lente (36).

classe de couvert
    Voir *classe de fermeture du couvert.*

classe de densité du couvert
    Voir *classe de fermeture du couvert.*

**classe de diamètre:** [diameter class]
    Subdivision du domaine de variation du diamètre des arbres ou des grumes faisant partie d'un peuplement ou d'un lot de bois; désigne aussi les arbres ou les grumes dont le diamètre correspond à cette subdivision (36).

classe de diamètre de la tige
    Voir *classe de diamètre.*

**classe de fermeture du couvert:** [crown closure class]
    L'une des classes entre lesquelles peuvent être répartis des peuplement forestiers compte tenu de la consistance de leur couvert (plus ou moins fermé, ou plus ou moins ouvert (36).

**classe de forme:** [form class]
    L'une des subdivisions à laquelle peut correspondre l'expression chiffrée du défilement d'un fût, ou d'une grume, c'est-à-dire, le plus souvent, son coefficient de forme, son coefficient de décroissance, etc. (36).

    Voir *coefficient de forme.*

**classe de hauteur:** [height class]
    Subdivision du domaine de variation de la hauteur des arbres ou d'un peuplement; désigne aussi l'ensemble des arbres dont la hauteur correspond à cette subdivision (36).

**classe de maturité:** [maturity class]
    Arbres ou peuplements regroupés en fonction de leur stade de développement depuis leur germination jusqu'à leur récolte. Une classe de maturité peut englober une ou plusieurs classes d'âge (1).

classe de potentiel
    Voir *classe de potentiel du site.*

classe de potentiel de la forêt
    Voir *classe de potentiel du site.*

**classe de potentiel du site:** [site capability class]
    Aux fins de classification et d'usage, tout intervalle par lequel la gamme de valeurs du potentiel de site a été divisée (1).

classe de productivité
    Voir *classe de potentiel du site.*

**classe de qualité de station:** [site class]
    Aux fins de classification et d'usage, tout intervalle par lequel la gamme de valeurs des indices de site a été divisée (1).

    Voir *classe de potentiel du site.*

classe d'indice de qualité de station
    Voir *classe de qualité de station.*

**classification:** [classification]
    Groupement systématique des entités en catégories en fonction de leurs caractéristiques communes (19).

    **classification dirigée** (télédétection): [supervised classification] Classification automatique où chaque vecteur de mesure correspond à une classe conformément à une règle précise, et où les classes possibles ont été définies en fonction de régions représentatives connues (7).

    **classification non dirigée** (télédétection): [unsupervised classification] Classification automatique où chaque vecteur de mesure correspond à une classe conformément à une règle précise, et où les classes possibles ont été déterminées en fonction des caractéristiques de données inhérentes plutôt que des zones de formation (28).

classification dirigée
    Voir *classification.*

classification non dirigée
    Voir *classification.*

**classification numérique** (télédétection): [digital classification]
    Utilisation d'un ou de plusieurs algorithmes pour grouper des pixels d'une image multispectrale ayant des caractéristiques similaires. Ce

procédé permet d'attribuer des références aux pixels en fonction de leur réflectance spectrale (7,23).

**clef en main:** [turnkey]
Se dit d'un système qui devrait fonctionner dès sa mise en marche. Aucune modification du logiciel ne doit être apportée (2).

**clinomètre:** [hypsometer]
Instrument qui permet de mesurer la hauteur des arbres à partir du sol, en utilisant des principes trigonométriques (1).

**codage géographique** (SIG): [geocoding]
Transformation de coordonnées chiffrées et de références en un système de coordonnées cartographiques comme 6° UTM (2).

**codifier en numérique:** [digitize]
Action de convertir un point ou une ligne sur une carte ou une autre surface plane sous forme numérique (2).

**coefficient de corrélation - R** (statistique): [correlation coefficient]
Mesure de la corrélation entre deux ou plusieurs variables aléatoires (36).

**multiple:** [multiple correlation coefficient] Mesure de la dépendance entre les valeurs de y observées, et fonction des valeurs indépendantes utilisées dans le modèle.

**simple:** [simple correlation coefficient] Expression numérique de la relation linéaire entre deux variables aléatoires.

Voir *coefficient de détermination.*

**coefficient de détermination - $R^2$** (statistique): [coefficient of determination]
Carré du coefficient de corrélation linéaire, c'est-à-dire le rapport entre, d'une part, la variance d'une variable dépendante expliquée par la régression vis-à-vis d'une autre variable indépendante et, d'autre part, la variance totale de la variable dépendante (52).

**coefficient de forme:** [form factor]
Rapport entre le volume d'un arbre, sans écorce, et le volume d'un cylindre de diamètre et de hauteur identiques (25).

On distingue trois coefficients de forme selon l'endroit de l'arbre où le diamètre est mesuré:

**absolu:** [absolute form factor] Diamètre cylindrique égal au diamètre de la souche (1).

**à hauteur de poitrine:** [breast height form factor] Diamètre cylindrique égal au diamètre à hauteur de poitrine. C'est le plus souvent utilisé (1).

**normal:** [normal form factor] Diamètre cylindrique égal au diamètre mesuré à une distance du sol ayant un rapport fixe par rapport à la hauteur de l'arbre (1).

**coefficient de non-détermination** (statistique): [coefficient of non-determination]
Est donné par $1 - R^2 = K^2$. Proportion de la variance d'une variable qui n'est pas expliquée par une deuxième variable avec laquelle elle est corrélée (47).

**coefficient de variation** (statistique): [coefficient of variation]
Quotient de l'écart-type par la moyenne, exprimé habituellement en pourcentage. C'est une mesure de dispersion relative (52).

**collimater:** [collimate]
En photogrammétrie, procéder au réglage des repères de fond de chambre de manière qu'ils définissent le point principal (24).

Voir *étalonnage.*

**compression de données** (SIG): [data compression]
Procédé qui consiste à réduire les dimensions d'un ensemble de données par des procédés de codage, sans perdre d'information (51).

**conception statistiquement valable:** [statistically valid design]
Conception selon laquelle des unités d'échantillonnage représentatives de la population sont sélectionnées, et basée sur des observations objectives permettant de calculer l'erreur d'échantillonnage (19).

conifère
Voir *résineux.*

**contraste** (photographie):[contrast]
Différence de densité entre les parties les plus claires et les parties les plus sombres d'un négatif ou d'un positif. La notion de contraste est indépendante de la valeur absolue de la densité et n'a trait qu'à la différence de densité (52).

**contrôle:** [monitoring]

Action de mesurer et d'évaluer des données en fonction de variables-clés afin de déterminer si les objectifs ou les normes ont été atteints; collecte de plusieurs données en vue d'estimer les tendances et comprendre le fonctionnement d'un système. Dans le cas des ressources renouvelables, le contrôle est la mesure ou l'analyse systématique des changements subis par les composantes forestières ou les processus pour déterminer les effets des activités sur l'inventaire forestier et évaluer dans quelle mesure les activités et effets sont conformes aux lois, règlements, politiques et directives (19).

**contrôle au sol:** [ground truth]

Opération consistant à déterminer les positions d'un ensemble de points par des mesures sur le terrain (52).

**correction:** [adjustment]

Opération par laquelle on détermine les corrections à apporter à un système de données d'observation pour réduire les erreurs ou faire disparaître les discordances intrinsèques dans les résultats qui en proviennent. Ce terme peut également désigner l'opération par laquelle on corrige certaines imperfections d'instruments d'observation (52).

**correction géométrique par membrane élastique** (SIG): [rubber sheeting]

Ajustement de données légèrement déformées, par exemple sur une photo aérienne, sur une carte. L'une des nombreuses transformations informatisées peut produire un ajustement analogique mathématique habituellement réalisé par des projecteurs (2).

Voir *redressement, orthophotographie.*

**corridor** (SIG): [corridor]

Bande de largeur uniforme bordant un ou deux côtés d'un modelé linéaire comme un cours d'eau ou une route (2).

**analyse de corridor(s):** [corridor analysis] Manipulation, mesure, analyse et sortie de données dans un corridor (2).

**établissement de corridor(s):** [corridor generation] Tracé automatique d'un corridor le long d'un modelé linéaire défini (2).

coupe

Voir *croissance du peuplement.*

**coupe à blanc:** [clearcut]

Coupe de la totalité des arbres marchands d'un peuplement (1).

**coupe finale:** [final cutting]

Coupe des derniers arbres laissés dans un peuplement. Aussi dernière des coupes progressives de régénération qui élimine les derniers semenciers du peuplement initial à l'issue des opérations de régénération lorsque la régénération est considérée comme acquise (36).

**coupe par bandes:** [strip cut]

Coupe d'un peuplement sur des bandes plus ou moins larges en une ou plusieurs fois, généralement pour y promouvoir la régénération (36).

**coupe partielle:** [partial cutting]

Coupe enlevant une partie des arbres d'un peuplement (36).

**coupe d'arbres avec réserve de semenciers:** [partial cutting - seed-tree] Mode de régénération de peuplements équiennes consistant à couper tous les arbres à l'exception d'un petit nombre qui sont appelés «semenciers». Ceux-ci sont laissés seuls ou en groupe pour produire les graines servant à la régénération naturelle de l'étendue coupée (13).

**coupe d'écrémage:** [partial cutting - high-grading] Coupe principale qui extrait seulement les arbres de certaines espèces, d'une certaine dimension ou d'une certaine valeur. Les besoins sylvicoles et critères de rapport soutenu peuvent être connus mais sont totalement ou en grande partie ignorés, ou sont impossibles à appliquer (13).

**coupe progressive:** [partial cutting - shelterwood] L'une des coupes principales portant sur un peuplement plus ou moins régulier et mature, destinée à assurer une nouvelle régénération sous la protection (en haut ou latéralement) du vieux peuplement (13).

**coupe sélective:** [partial cutting - selection] Mode de régénération de peuplements inéquiennes consistant à couper des arbres choisis individuellement ou par petits groupes à des intervalles relativement courts, de façon continue, ce qui assure un renouvellement constant du peuplement (13).

**coupe sélective par arbre:** [single-tree selection cutting] Coupe sylvicole dans laquelle quelques arbres équiennes d'un peuplement inéquienne occupent l'espace créé par l'enlèvement d'un arbre mature ou de petits bouquets composés de plusieurs arbres. La régénération dans les très petites éclaircies dispersées ainsi créées est la principale caractéristique de la méthode (4).

**coupe partielle avec réserve de semenciers**

Voir *coupe partielle*.

**coupe progressive**
>    Voir *coupe partielle*.

**coupe sélective**
>    Voir *coupe partielle*.

**coupe sélective par arbre**
>    Voir *coupe partielle*.

**coupe totale:** [cutover]
>    Zone d'une terre forestière où une partie ou la totalité des arbres ont été récemment coupés (1).

**coupes d'amélioration:** [improvement cuttings]
>    Coupes conduites dans un peuplement dépassant l'état du gaulis pour en améliorer la composition et l'état par l'enlèvement, dans l'étage dominant, des sujets les moins intéressants quant à l'essence, la forme et l'état de végétation (33).

**coupes de récupération:** [salvage cuttings]
>    Coupes pratiquées principalement pour enlever les arbres qui ont été tués ou endommagés par des agents nuisibles autres que la concurrence entre les arbres ou qui sont menacés de façon imminente (1).

**courbe de réflectance spectrale** (télédétection): spectral reflectance curve
>    Ensemble des caractéristiques, dans une ou plusieurs bandes spectrales, nécessaires et suffisantes pour identifier une surface, déterminé en fonction des conditions ambiantes du milieu naturel (32). Souvent appelée «caractéristique d'une cible».

**couvert**
>    Voir *fermeture du couvert*.

**couvert forestier:** [canopy]
>    Écran formé par les branches et le feuillage des arbres (10).

>    Voir *étage*.

**couverture** (télédétection, cartographie): [coverage]
>    Zone couverte au sol par un document photographique, cartographique ou similaire (54).
>    stéréoscopique: [stereo(scopic) coverage] Couverture par un bloc de bandes de photographies aériennes de façon à permettre l'observation stéréoscopique de la totalité de la zone.

Ces définitions peuvent également s'appliquer à d'autres formes d'imagerie de télédétection.

**couverture photographique**
Voir *couverture*.

**couverture stéréoscopique**
Voir *couverture*.

**covariance** (statistique): [covariance]
Mesure de la variabilité conjointe de deux variables X et Y autour de leurs moyennes (43). Si les plus grandes valeurs de Y ont tendance à être associées avec de plus grandes valeurs de X, la covariance est positive. Si les plus grandes valeurs de Y ont tendance à être associées à des valeurs plus petites de X, la covariance est négative. Une matrice de covariance est un tableau récapitulatif des valeurs appariées de covariance pour les variables dans la série de données.

**croissance de peuplement:** [stand growth]
En termes de volume, la croissance de peuplement peut être définie à l'aide des équations suivantes (16).

$$G_g = V_2 + C - I - V_1$$
$$G_{g+1} = V_2 + M + C - V_1$$
$$G_n = V_2 + C - I - V_1$$
$$G_{n+1} = V_2 + C - V_1$$
$$G_d = V_2 - V_1$$

où
$G_g$ = accroissement brut du volume initial
$G_{g+1}$ = accroissement brut de la recrue
$G_n$ = accroissement net du volume initial
$G_{n+1}$ = accroissement net, y compris la recrue
$G_d$ = accroissement net
$V_1$ = volume du peuplement au début de la période de croissance
$V_2$ = volume du peuplement à la fin de la période de croissance
$M$ = volume de mortalité (voir mortalité)
$C$ = volume de coupe (voir coupe)
$I$ = recrue (voir recrue)

**accélération de croissance:** [accretion] Phénomène de croissance accélérée, en diamètre ou en volume, des arbres auxquels on a donné plus d'espace pour se développer, ou auxquels on a apporté une fertilisation (36).

**accroissement des survivants:** [survivor growth] Accroissement brut du volume initial calculé au moyen de M et de C pour représenter le volume d'arbres morts ou coupés au moment de la première mesure, c'est-à-dire le volume initial d'arbres morts et coupés (16).

**coupe:** [cut] Volume ou nombre d'arbres tombés ou abattus périodiquement, enlevés ou non de la forêt (16).

**mortalité:** [mortality] Volume ou nombre d'arbres qui meurent périodiquement de causes naturelles (16).

**recrue:** [ingrowth] Volume ou nombre d'arbres qui sont entrés dans une catégorie particulière pendant une période donnée (1). Par exemple des semis entrés dans une classe de diamètre marchand.

CT

Voir *cartographe thématique.*

## - D -

**découpage** (SIG): [windowing]
Prélèvement d'une certaine partie d'une carte pour en montrer les détails, souvent à une échelle plus grande (2).

**débris de coupe:** [slash]
Résidus laissés sur le sol après l'exécution d'une coupe, d'une opération d'amélioration, ou qui viennent s'y ajouter à la suite d'une tempête, d'un feu, d'une opération d'annélation circulaire ou d'empoisonnement (36). Comprennent les grumes non utilisées, les souches déracinées, les grosses branches, etc.

Voir *biomasse forestière, broussailles.*

**décadent:** [décadent]
Arbre ou peuplement d'arbres en dépérissement en raison de l'âge (1).

décidu
Voir *feuillu*(s).

**déclinaison magnétique:** [magnetic declination]
Angle entre la direction du nord géographique et celle du nord magnétique en un lieu et à un instant donnés (35).

**décompter:** [tally (to)]
> Enregistrer des unités dénombrées ou mesurées par une ou plusieurs classes (1).

**décroissement:** [depletion]
> Perte annuelle ou périodique subie par un peuplement sur pied, quelle qu'en soit la raison; par exemple enlèvement par coupe ou mort naturelle due au feu, aux champignons, aux insectes, au vent.

> Le décroissement en bois commercialisable est dit décroissement marchand (36).

**défilement:** [taper]
> Diminution de la grosseur de la tige d'un arbre ou d'une grume, du bas vers le haut (36).

**définition de l'échantillonnage:** [sampling design]
> Détermination des unités d'échantillonnage qui seront mesurées ou observées comme un échantillon systématique ou un échantillon stratifié (19).

**dégagement:** [cleaning]
> Technique sylvicole destinée à éliminer ou mettre hors d'état de nuire la végétation indésirable, principalement ligneuse (y compris les lianes) lorsque le peuplement est à l'état de fourré, et par conséquent avant (ou au plus tard en même temps que) la première éclaircie, de façon à favoriser les meilleurs arbres. Peut porter sur des individus des essences à conserver aussi bien que sur une végétation envahissante (36).

**dendromètre:** (dendrometer)
> Instrument conçu pour mesurer le diamètre des arbres sur pied (1).

> Peut également être utilisé pour mesurer la hauteur des arbres. Comprend le compas optique de Wheeler.

> **optique:** [optical dendrometer] Instrument optique utilisé pour agrandir l'image et améliorer la précision des mesures. Comprend le dendromètre de Barr et Stroud et le télérelascope.

dendromètre optique
> Voir *dendromètre*.

**dendrométrie:** [forest mensuration]
> Branche de la foresterie qui traite de la connaissance de la forme, des dimensions, de l'accroissement et de l'âge des arbres et des peuplements forestiers, ainsi que des dimensions et des formes de leurs produits (36).

densité
Voir *densité de peuplement.*

**densité de peuplement:** [stand density]
1) Mesure qualitative de la suffisance d'un couvert forestier sur une surface donnée, en fonction de la couverture de cime, du nombre d'arbres, de la surface terrière ou du volume, en rapport avec une norme préétablie. Dans ce contexte, le couvert forestier comprend les semis et les jeunes arbres; le concept ne sous-entend donc pas un âge donné. La densité de peuplement est exprimée en nombre d'arbres par hectare (1).

2) Pourcentage de la surface horizontale d'un terrain forestier couvert par les cimes d'espèces marchandes de tout âge. Peut être déterminé à partir de photographies aériennes ou de parcelles étudiées sur le terrain. Les pourcentages peuvent être groupés en classes, dépendant de l'usage régional ou local (1).

Voir *densité relative.*

densité du couvert
Voir *fermeture du couvert.*

**densité relative:** [stocking]
Mesure qualitative de la suffisance d'un couvert forestier sur une surface donnée du point de vue de la fermeture du couvert, du nombre d'arbres, de la surface terrière ou du volume, par rapport à une norme préétablie.

Dans ce contexte, le couvert forestier comprend les semis et les gaules, et, par conséquent, ce concept ne sous-entend pas un âge donné (13).

La densité relative peut être décrite dans des classes régionales ou locales, ou exprimée en pourcentage des normes régionales ou locales, lesquelles varient en fonction des conditions du site (1).

Voir *densité de peuplement.*

**adéquate:** [fully stocked] Se dit d'un terrain forestier productif composée d'arbres marchands. Ces arbres, par leur nombre et leur distribution, ou le dhp, la surface terrière ou le volume, sont tels qu'à l'âge de rotation ils produisent un peuplement forestier qui recouvre le terrain potentiellement productif. Le rendement sera fonction du potentiel du site. La densité relative, le nombre d'arbres et la distribution seront déterminés à l'aide de tables de rendement locaux ou régionaux ou d'autres méthodes appropriées (1).

**excessive:** [overstocked] Se dit d'un terrain forestier productif portant plus d'arbres marchands que la normale. La croissance est retardée et les arbres n'atteindront pas tous des dimensions exploitables à l'âge de rotation, par rapport aux tables de rendement ou de production régionales ou locale pour le site et l'espèce donnés (1).

**indéterminée:** [unsurveyed stocking] Terrain considéré comme un terrain forestier productif et dont la densité relative ou la densité de peuplement n'a pas été étudiée sur le terrain ni à partir de photographies aériennes (1).

**normale:** [normally stocked] Se dit d'un terrain forestier productif couvert d'arbres marchands de tous les âges. Ces arbres, par le nombre et la distribution, le dhp moyen, la surface terrière ou le volume, sont tels qu'à l'âge de rotation ils produiront un peuplement forestier à rendement maximal. Ce rendement doit correspondre au potentiel du site déterminé dans les meilleures tables de production régionales ou locales. Dans le cas de peuplements n'ayant pas encore atteint l'âge de rotation, une gamme de classes de densité relative au-dessus et au-dessous de la normale peut être prédite pour approcher et produire une densité relative normale à l'âge de rotation, et peut donc être incluse. Cela est dû au fait qu'une mortalité plus forte ou plus faible se produira dans les peuplements à densité relative excessive ou déficiente comparativement à un peuplement à densité relative normale (1).

**nulle:** [nonstocked] Se dit d'un terrain forestier productif complètement déboisé ou dont les arbres, jeunes ou vieux, sont si peu nombreux qu'à la fin d'une rotation le peuplement résiduel d'arbres marchands ne se prête guère à une exploitation commerciale (1).

**partielle:** [partially stocked] Se dit d'un terrain forestier productif dont le nombre d'arbres marchands est insuffisant pour utiliser tout le potentiel de croissance du terrain de sorte que les arbres n'utiliseront pas tout le site de croissance à l'âge de rotation sans matériel sur pied additionnel. Le nombre de tiges par hectare, la fermeture du couvert, la surface terrière relative, etc., sont déterminés localement ou régionalement et sont particuliers à chaque site (1).

**régénération incomplète:** [not sufficiently or satisfactorily restocked or regenerated] Terrain forestier productif qui a été déboisé et dont la régénération partielle ou totale, soit naturelle, soit artificielle, n'a pas réussie. Le peuplement régénéré doit comprendre un nombre minimal d'arbres sains bien établis susceptibles de produire un peuplement exploitable, à l'âge de rotation (1).

**satisfaisante:** [satisfactorily stocked] Se dit d'un terrain forestier productif ayant subi une régénération naturelle ou artificielle et qui compte un nombre minimal d'arbres marchands en bon état bien établis, qui poussent librement et qui produiront un peuplement forestier marchand à l'âge de rotation (1).

densité relative adéquate
   Voir *densité relative.*

densité relative excessive
   Voir *densité relative.*

densité relative indéterminée
   Voir *densité relative.*

densité relative moyenne
   Voir *densité relative.*

densité relative nulle
   Voir *densité.*

densité relative partielle
   Voir *densité relative.*

densité relative satisfaisante
   Voir *densité relative.*

**déplacement:** [displacement]

**déplacement d'image:** [image displacement] Déplacement de la position relative des points sur l'image photographique, qui étant une perspective conique ne peut être semblable à un plan du terrain obtenu par projection orthogonale. Les causes principales de ces déformations sont l'inclinaison de l'axe de prise de vue et le relief qui entraînent des déplacements radiaux des points-images et des variations de l'échelle (52).

**déplacement de relief:** [relief displacement] En photographie aérienne, un point M du terrain situé dans le plan horizontal de référence des altitudes forme son image en m sur le cliché. Le déplacement de relief est le déplacement radial, par rapport au nadir de la photographie, que subit le point m quand M se déplace sur une verticale (52).

Voir *distorsion.*

déplacement de relief

Voir *déplacement.*

**dérive** (photographie aérienne): [drift]

Modification de l'angle de route d'un aéronef par rapport au cap vrai, causée par un vent oblique à la marche (43).

**dérive** (télédétection): [crab]

Déviation de la direction de vol d'une plate-forme d'observation par rapport à la direction de son axe longitudinal, principalement sous l'effet du vent (54). Aussi, défaut de parallélisme entre l'orientation de la chambre de prise de vues et la route de l'avion - qui se traduit par le fait que les marges des photographies ne sont pas parallèles à la ligne de base entre points principaux; il en résulte un recouvrement réduit (36).

Voir *dérive, oscillation.*

description

Voir *référence.*

**désherbage:** [weeding]

Généralement, opération culturale qui consiste à éliminer la végétation indésirable, notamment herbacée, lorsque le peuplement est à l'état de semis et, par conséquent, avant le premier dégagement, de façon à réduire la concurrence avec les semis (13).

de tout âge

Voir *équienne.*

dhp

Voir *diamètre à hauteur de poitrine.*

dhs

Voir d*iamètre à hauteur de souche.*

**diamètre:** [diameter]

**diamètre à hauteur de poitrine** (dhp): [diameter breast height (dbh)]
Diamètre d'un arbre mesuré à hauteur de poitrine (1,30 m au-dessus du sol) (1).

À moins d'indication contraire, s'applique au diamètre avec écorce.

**diamètre à hauteur de souche** (dhs): [diameter stump height (dsh)]
Diamètre d'un arbre mesuré à hauteur de souche (1).

**diamètre au fin bout:** [top diameter] S'il s'agit d'un arbre sur pied, diamètre à hauteur marchande, c'est-à-dire à l'extrémité la plus petite d'une grume, à la découpe supérieure. Mesuré sans écorce.

**diamètre avec écorce:** [diameter outside bark (dob)] Diamètre d'un arbre ou d'une grume mesuré en tenant compte de l'écorce (1).

**diamètre de la tige de surface terrière moyenne:** [quadratic mean diameter] Diamètre à hauteur de poitrine de l'arbre dont la surface terrière individuelle est égale à la moyenne arithmétique des surfaces terrières (36).

**diamètre sans écorce:** [diameter inside bark (dib)]
Diamètre du tronc d'un arbre ou d'une grume sans tenir compte de l'écorce (1).

diamètre au fin bout
Voir *diamètre*.

**diamètre de la cime:** [crown diameter]
Moyenne arithmétique entre la plus grande et la plus petite des dimensions transversales de la projection d'une cime sur le plan horizontal (36).

Peut être calculée sur des photographies aériennes ou sur le terrain.

diamètre de la tige de surface terrière moyenne
Voir *diamètre, tige de surface terrière moyenne*.

**diamètre limite:** [diameter limit]
Diamètre minimal et parfois maximal des arbres ou des grumes qu'on doit mesurer, couper ou utiliser (36).

Les niveaux où sont prises ces dimensions limites sont le plus souvent les suivants: au collet, à hauteur de poitrine ou au fin bout.

diamètre limite minimal
Voir *diamètre limite*.

**distance focale:** [focal length]
Distance entre le point nodal arrière d'une lentille ou d'un système de lentilles et le plan focal dans lequel se forme l'image d'un objet à l'infini (52).

**distorsion** (photogrammétrie): [distortion]

Toute anomalie qui s'introduit dans la position d'un point sur l'image photographique et qui, par conséquent, en altère les caractéristiques perspectives. Les causes de distorsion de l'image comprennent l'aberration de l'objectif, le retrait différentiel du film ou du papier, et tout déplacement du film ou de l'appareil de prise de vue (52).

Voir *déplacement d'image*.

**dominé**

Voir *classe de cime (supprimés)*.

**dommages** (télédétection): [damage]

Toute perte, biologique ou économique due à des contraintes (19).

Voir *genre de dommages*.

**données:** [data]

Unités d'information qui peuvent être définies de façon précise; techniquement, les données sont des faits et des chiffres bruts qui sont transformés ensuite en information (40).

**données comparables:** [comparable data] Deux ou plusieurs séries de données utilisant les mêmes normes et définitions à des fins de comparaison (19).

**données compatibles:** [agreable data] Deux ou plusieurs séries de données mutuellement exclusives utilisant les mêmes normes et définitions à des fins de combinaison (19).

**données standard:** [universal data] Données susceptibles d'être utilisées à de nombreuses fins et à partir desquelles de nombreux renseignements peuvent être tirés (19).

**données ajustées** (données sur les changements): [change data]

Informations périodiques de nature quantitative sur la dynamique de la ressource forestière (13).

Les données sur les changements couvrent:

a) le dépeuplement des forêts comme les étendues de forêt et le volume de bois soustraits à cause des coupes, des incendies ou des dommages par les insectes ou les maladies;

b) l'accroissement des forêts, comme la superficie et le volume gagnés grâce à leur croissance;

c) les opérations d'aménagement entreprises pour protéger ou améliorer la ressource, comme les traitements sylvicoles; et

d) les changements de tenure et d'affectation des terres qui influent sur l'utilisation des ressources.

**dossier de données** (informatique): [file]
Information comprenant des fiches sur un même sujet. Un dossier commence à la fin du dossier précédent ou au début de la bande, et se termine par un EOF (Fin de dossier) (26).


## - E -

**écart-type** (statistique): [standard deviation]
Mesure de la dispersion, autour de la moyenne, d'une population; c'est la racine carrée positive de la variance (36).

Voir *variance*.

**écart-type de la moyenne** (statistique): [standard error of the mean]
Résultat de la division de l'écart-type par la racine carrée du nombre d'observations (36).

**échantillon:** [sample]
Partie d'une population consistant en une ou plusieurs unités statistiques sélectionnées et analysées de façon que cette partie soit représentative de la totalité de la population (36).

**aléatoire:** [random sample] Échantillon sélectionné de façon que tous les échantillons possibles de même dimension aient une chance égale d'être choisis (36).

**stratifié:** [stratified sample] Échantillon issu d'une population, comportant un échantillon aléatoire pour chacune des strates. Il n'est pas nécessaire que la fraction d'échantillonnage soit la même pour chacune des strates (36).

**systématique:** [systematic sample] Échantillon obtenu par sondage systématique, c'est-à-dire échantillon comportant des unités d'échantillonnage sélectionnées conformément à une règle ou à un modèle fixés à priori, par exemple échantillon formé à partir de chaque vingtième d'une bande forestière ou de chaque dixième arbre dans chaque cinquième ligne (36).

**échantillonnage:** [sampling]

Sélection d'unités d'échantillonnage dans une population, et mesure ou enregistrement des données pour obtenir des estimations des caractéristiques de la population (1).

**à phase multiple:** [multiphase sampling] Méthode de sélection d'unités d'échantillonnage dans laquelle on prélève un gros échantillon pour estimer un paramètre de la population pour une certaine variable auxiliaire, ainsi qu'un petit échantillon pour établir la relation entre la variable auxiliaire et la principale variable d'intérêt (29). Par exemple échantillonnage double ou à deux phases.

**étagé:** [multistage sampling] Méthode d'échantillonnage dans des unités d'échantillonnage ou des sous-échantillons, destinée à estimer les caractéristiques plutôt qu'à mesurer toute l'unité d'échantillonnage. Cela présuppose que les unités d'échantillonnage sont des grappes ou des groupes de certains éléments de base d'intérêt (29). Par exemple échantillonnage à deux étages.

**non probabiliste:** [nonprobability sampling] Mode d'échantillonnage selon lequel les unités d'échantillonnage ne sont pas choisies avec une probabilité connue (1).

**probabiliste:** [probability sampling] Mode d'échantillonnage selon lequel les unités d'échantillonnage sont déterminées avec une probabilité connue et sont donc sujettes à des déductions et des analyses statistiques (1).

échantillonnage à phases multiples

Voir *échantillonnage.*

**échantillonnage en grappe** (statistique): [cluster]

Unité d'échantillonnage (parcelle) comprenant au moins deux ou plusieurs éléments d'échantillonnage (sous-parcelles) (1).

échantillonnage étagé

Voir *échantillonnage.*

échantillonnage non probabiliste

Voir *échantillonnage.*

**échantillonnage par placettes circulaires à rayon variable:** [point sampling]

Méthode d'estimation de la surface terrière d'un peuplement à un point d'échantillonnage (1).

Aussi appelé «échantillonnage par points», «estimation de la surface terrière par balayage sous angle constant», «méthode de Bitterlich». On procède à des tours d'horizon complets (360°) à l'aide d'une jauge angulaire comportant un angle déterminé et on compte les tiges dont le diamètre à hauteur de poitrine apparaît plus large que l'angle sous-tendu (36).

**échantillonnage par points**
Voir *échantillonnage par placettes circulaires à rayon variable.*

**échantillonner:** [sample]
Sélectionner et mesurer, ou enregistrer, un échantillon dans une population (36).

**échelle** (télédétection, cartographie): [scale]
Fraction exprimant le rapport entre une distance sur une carte, une photo ou une image et la distance correspondante sur le terrain (1).

Généralement exprimée en rapport pur ou fraction représentative, par exemple 1/50 000, mais peut également être un énoncé reliant la carte aux unités de terrain, par exemple 1 cm = 500 m.

Certains termes sont utilisés pour décrire les différences d'échelle. Les définitions suivantes sont généralement utilisées, mais elles ne sont pas exactes:

très grande échelle 1/500
grande échelle       Du 1/500 au 1/10 000
échelle moyenne      Du 1/10 000 au 1/50 000
petite échelle       Du 1/50 000 au 1/100 000
très petite échelle  1/100 000

**échelle graphique:** [scale bar]
Ligne graduée qui sert d'étalon pour mesurer les distances sur une carte et se les représenter en distances correspondantes sur le terrain (36).

**éclaircie:** [thinning]
Opération (le plus souvent coupe) pratiquée dans un peuplement forestier non arrivé à maturité, destinée à accélérer l'accroissement du diamètre des arbres restants, et aussi, par une sélection convenable, à améliorer la moyenne de leurs formes, sans cependant rompre la permanence du couvert (36).

**commerciale:** [commercial thinning] Type d'éclaircie produisant du bois dont la vente est tout au moins susceptible de couvrir les frais d'exploitation (36).

**en rangée:** [row thinning] Éclaircie où les arbres sont coupés suivant des lignes ou d'étroites bandes situées à intervalles réguliers dans le peuplement (4).

**par espacement:** [spacing thinning] Éclaircie où des arbres sont choisis à intervalles fixes pour rester et où tous les autres sont coupés (4).

**précommerciale:** [precommercial thinning] Type d'éclaircie produisant du bois dont la vente n'est pas susceptible de couvrir au moins les frais de l'opération (12).

**économiquement accessible:** [economically accessible]
Qualifie un peuplement dont les arbres ont les dimensions, qualités et conditions justifiant leur transformation en produits techniquement susceptibles d'être utilisés (36).

**économiquement inaccessible:** [economically inaccessible]
Qualifie un peuplement dont les arbres n'ont pas les dimensions, qualités et conditions justifiant leur transformation en produits techniquement susceptibles d'être utilisés (1).

**écrémage**
Voir *coupe partielle*.

**édition** (SIG): [editing]
Addition, suppression ou modification de polygones, de lignes, de points et de références associées. L'édition comprend principalement la correction d'erreurs, mais peut inclure la mise à jour (2).

**ensemencement:** [seeding]
**à la volée:** [broadcast seeding] Mode d'ensemencement des graines consistant à les répandre de façon plus ou moins régulière sur l'ensemble de la surface à reboiser (13).

**de labours:** [drill seeding] Mode d'ensemencement des graines dans de petits sillons sur l'ensemble de la surface à reboiser (13).

**direct:** [direct seeding] Mode d'ensemencement artificiel des graines consistant à les répandre, à la main ou par des moyens mécaniques, directement sur le terrain à reboiser (13).

**en espaces dispersés** (sur placeaux): [spot seeding] Mode d'ensemencement des graines consistant à les répandre sur de petits emplacements cultivés ou préparés, qui sont répartis en bon nombre sur l'ensemble du terrain à reboiser (13).

ensemencement à la volée
Voir *ensemencement.*

ensemencement direct
Voir *ensemencement.*

ensemencement en ligne
Voir *ensemencement.*

ensemencement en espaces dispersés
Voir *ensemencement.*

**entrée directe de données:** [direct data entry]
Numérisation et introduction par clavier directes à partir d'une source de données comme une photographie aérienne ou un carte du couvert forestier (2).

**épuration:** [weeding]
Réduction automatisée du nombre de points sur une ligne (1).

**équienne:** [even-aged]
Se dit d'une forêt ou d'un peuplement formé d'arbres dont les différences d'âge sont faibles. On peut admettre des différences d'âge variant de 10 à 20 ans; les différences peuvent être plus grandes, jusqu'à 25 % de l'âge de rotation, si le peuplement n'est pas exploité avant l'âge de 100 à 200 ans (1).

Voir *inéquienne.*

**erreur** (statistique): [error]
Différence entre la valeur observée ou calculée d'une grandeur et la valeur théorique ou vraie de cette grandeur (52).

erreur d'échantillonnage
Voir *précision.*

**erreur type d'une estimation** (statistique): [standard error of estimate]
Expression de la variation qu'on s'attend à rencontrer en effectuant des prédictions à partir d'une équation de régression; c'est l'écart-type des valeurs observées autour de la ligne de régression (36).

Voir *carré de l'erreur moyenne.*

espacement
> Voir *éclaircie*.

espèces à larges feuilles
> Voir *feuillu(s)*.

**esquisse cartographique:** [sketch mapping]
> Dessin topographique schématique et sommaire effectué à main levée, qui, bien que respectant approximativement les rapports de distances, n'est ni véritablement à l'échelle ni correctement orienté (52).

**essence commerciale:** [commercial species]
> Essence d'arbre pour laquelle il existe un marché (1).

> Voir *espèce non commerciale*.

**essence d'intérêt non commercial:** [noncommercial species]
> Espèce forestière pour laquelle il n'existe aucun marché (1).

> Voir *essence commerciale*.

essence indésirable
> Voir *essence d'intérêt non commercial*.

estimation de la surface terrière par balayage sous angle constant: (angle-court method)
> Voir *échantillonnage par placettes circulaires à rayon variable*.

**établissement:** [establishment]
> Développement d'un peuplement forestier jusqu'au moment où les jeunes arbres sont établis, c'est-à-dire à l'abri des adversités normales (par exemple gel, sécheresse, mauvaises herbes ou broutement) et ne nécessitent plus de protection spéciale ni de soins culturaux spéciaux, c'est-à-dire qu'ils peuvent croître librement (21).

**étage:** [storey]
> Dans un peuplement forestier, sous-ensemble des arbres dont les houppiers et le feuillage constituent une strate nettement distincte parmi l'ensemble des cimes des autres arbres (36).

> Un peuplement forestier qui comporte plus de deux étages est dit «pluriétagé».

> Un peuplement forestier qui a un seul étage (étage principal) est dit «monoétagé».

Un peuplement forestier qui a deux étages (étage dominant et étage dominé) est dit «à deux étages».

**étage dominant**
>Voir *étage*.

**étage principal**
>Voir *étage*.

**étalonnage:** [calibration]
>Mesure de constantes spécifiques d'une chambre métrique ou d'un autre instrument ou dispositif et comparaison avec une norme ou un étalon (24).

>Voir *collimater*.

**évaluation:** [evaluation]
>Détermination de la valeur, de la qualité, de l'importance, du degré ou de la condition par une étude approfondie (19).

**exagération verticale** (photogrammétrie): [vertical exaggeration]
>Rapport entre la hauteur réelle d'un objet sur le terrain et la hauteur perçue par observation stéréoscopique (41)

>Voir *rapport base/hauteur*.

**exploitation forestière:** [logging]
>Coupe et enlèvement des arbres dans une région forestière (1).

## - F -

**facteur de surface terrière:** [basal area factor]
>D'une jauge angulaire, la surface terrière ou la surface de la tige par unité de surface d'un peuplement correspondant à l'angle de projection (1).

**fausse couleur** (télédétection): [false color]
>Couleur volontairement modifiée pour donner à l'observateur humain une perception colorée d'une scène, différente de celle qu'il en aurait naturellement (54).

**fermeture du couvert:** [crown closure]
>Réduction progressive des espaces libres entre les cimes des arbres (36).

**fertilisation:** [fertilizing]

Addition d'éléments nutritifs dans le sol sous forme organique ou inorganique (13).

**feuillu:** [hardwood]

1. Arbres angiospermes portant des feuilles à limbe relativement large qui tombent tous les ans. Aussi, peuplements composés de ces arbres et le bois produit par ces derniers (1).

2. Type forestier dans lequel de 0 à 25 % du couvert appartient aux conifères (1).

**formule de cubage:** [volume equation, volume formula]

Expression statistique de la relation entre le volume et d'autres variables d'un arbre ou d'un peuplement (1).

Utilisée pour estimer le volume d'après des variables plus faciles à mesurer comme le diamètre à hauteur de poitrine, la hauteur de l'arbre ou du peuplement et la fermeture du couvert.

Voir *tarif de cubage.*

**forêt:** [forest]

Formation végétale ligneuse, ou écosystème, à prédominance d'arbres, comportant en général un couvert relativement dense (36).

**forêt à couvert fermé:** [closed forest]

Toutes les terres à couvert forestier, c'est-à-dire dont la cime des arbres couvre plus de 20 % de la superficie (ou dont la densité du peuplement est supérieure à 20 %) et qui sont surtout exploitées à des fins forestières (30).

Comprend:

a) toutes les plantations, y compris les plantations à rotation unique, utilisées principalement pour l'exploitation forestière;

b) toutes les zones faisant normalement partie d'une forêt fermée qui ne sont pas plantées, par suite des activités de l'homme ou de causes naturelles, mais qui devraient retourner tôt ou tard à l'état de forêt fermée;

c) les jeunes peuplements naturels et toutes les plantations établies à des fins d'exploitation forestière, dont la densité de la cime est encore inférieure à 20 %;

d) les routes forestières et cours d'eau et autres petites aires ouvertes, ainsi que les pépinières, qui font partie intégrante de la forêt;

e) les forêts fermées situées dans les parcs nationaux et les réserves naturelles; et

f) les zones de chablis et les rideaux-abris suffisamment vastes pour être exploités comme forêts.

Sont exclus:

a) les groupes isolés d'arbres couvrant moins de 0,2 ha;

b) les parcs et jardins des villes; et

c) les zones dont la description ne correspond pas à celle des forêts à couvert fermé donnée ci-desssus, même si elles sont administrées par des autorités forestières.

Voir *terres forestières résiduelles*.

**forêt de protection:** [protection class]
Terrain entièrement ou partiellement couvert de végétation forestière, aménagé essentiellement pour minimiser l'érosion, régulariser les cours d'eau, maintenir la qualité de l'eau, stabiliser les dunes ou, plus généralement, en vue de toute autre influence physique bénéfique (36).

**forêt normale:** [normal forest]
Forêt qui a atteint et maintenu un degré de perfection pratiquement réalisable sur toutes ses parcelles pour la satisfaction complète et continue des objectifs de l'aménagement. C'est là le concept-modèle auquel une forêt réelle peut être comparée pour mettre en relief ses déficiences (notamment pour ce qui concerne le rendement soutenu) quant au volume des peuplements sur pied, à la répartition des classes d'âge ou de dimensions et à l'accroissement (36).

forêt non productive
Voir *terrain forestier*.

fraction représentative
Voir *échelle*.

**fût:** [bole]
Tige d'un arbre, de dimensions suffisantes pour donner des bois de sciage, des grumes de placage, des grands poteaux ou du bois de pâte (5).

Le fût des semis, des gaules et des petits poteaux est appelé «tige».

Voir *tige*.

# - G -

**gabarit** (photogrammétrie): [template]
Plaque de matière transparente utilisée dans le procédé de triangulation radiale et qui est substituée à la photographie aérienne. Elle porte la trace des directions issues du nadir de la photographie (52).

**papier calque:** [hand template] Papier translucide à travers lequel on peut suivre et reproduire un dessin (32).

**plaque à fente:** [slotted template] Fine feuille d'un matériau rigide et souvent transparent dont on se sert pour remplacer les photos aériennes au cours de l'établissement d'un canevas par triangulation photographique radiale; ces plaques sont perforées à l'emplacement du point principal et comportent des fentes radiales rayonnant autour de ce point (36).

**galon à mesurer:** [tape]
Instrument utilisé pour effectuer des mesures linéaires (1).

Voir *galon circonférentiel*.

**galon circonférentiel:** [diameter tape]
Ruban gradué de façon qu'on puisse lire directement le diamètre de l'arbre autour duquel on le place (36).

**gaule:** [sapling]
Jeune arbre dont le diamètre à hauteur de poitrine est supérieur à 1 cm, mais inférieur au plus petit diamètre marchand (1).

**genre de dommages** (télédétection): [damage type]
Syndrome d'une plante exprimant un dommage temporaire ou permanent causé initialement par une contrainte (15).

Voir *dommage*.

grille cartographique
Voir *point coté*.

**groupage** (télédétection): [clustering]
>Analyse d'un ensemble de vecteurs de mesure pour déceler leur tendance inhérente à former des grappes dans un espace multidimensionnel (7).

# - H -

**hauteur:** [height]
>**hauteur de l'arbre:** [tree height] Distance entre la pousse la plus haute de l'arbre et le niveau du sol ou le point de germination si celui-ci est différent du niveau du sol (1).

>**hauteur de peuplement:** [stand height]
>(Dendrométrie): Hauteur moyenne des arbres dominants et codominants de la principale espèce qui compose le peuplement (1).

>(Télédétection): Hauteur moyenne des arbres dominants et codominants d'un peuplement (1).

>**hauteur de poitrine:** [breast height] Hauteur normale, soit 1,30 m au-dessus du sol, à laquelle on mesure le diamètre d'un arbre sur pied (1).

>Sur un terrain en pente, la mesure est prise du côté amont de l'arbre.

>**hauteur de souche:** [stump height] Distance verticale entre le niveau du sol et la partie supérieure de la souche (1). Sur un terrain en pente, le niveau du sol est calculé par rapport à la partie supérieure de la souche. La hauteur de souche peut être la hauteur réelle de la découpe, ou un repère choisi arbitrairement. Dans les forêts ombrophiles et en terrain montagneux, le point de germination est utilisé au lieu du niveau du sol.

>**hauteur marchande:** [merchantable tree height] Distance verticale entre la hauteur de souche et la partie d'un arbre qui peut être commercialisée (1).

>**hauteur moyenne supérieure:** [top height] Hauteur moyenne de 100 arbres par hectare ayant le plus grand diamètre à hauteur de poitrine. Dans un peuplement donné, de 5 à 15 arbres seront mesurés en fonction de l'uniformité et de la taille du peuplement (1).

hauteur de poitrine
>Voir *hauteur*.

hauteur de souche
  Voir *hauteur*.

hauteur d'un arbre
  Voir *hauteur*.

hauteur du peuplement
  Voir *hauteur*.

hauteur marchande
  Voir *hauteur*.

**hors compétition:** [free-to-grow]
  Peuplements dont la densité, la hauteur et la croissance sont conformes aux normes, et qui sont considérés comme étant pratiquement libres de végétation concurrentielle (21).


- I -

identification
  Voir *identification de photographies*.

**IFC**
  Voir *inventaire*.

**image** (télédétection): [image]
  Représentation plane obtenue à partir d'un enregistrement structuré de données saisies par télédétection aérospatiale (54).

**imagerie multispectrale:** [multispectral imagery]
  Images d'une même scène produites simultanément par au moins deux capteurs dans plusieurs bandes du spectre électromagnétique (1).

imagerie verticale
  Voir *photographie aérienne*.

**inclinaison** (télédétection): [tilt]
  Angle, au centre de perspective, entre l'axe principal de la photographie et la verticale (ou une autre direction de référence externe); aussi, angle dièdre formé par le plan de la photographie et le plan horizontal (52).

inclinaison longidutinale
  Voir *inclinaison*.

**indice de densité de peuplement:** [stand density index]
Indice utilisé pour évaluer la densité d'un peuplement, par exemple indice de Lexen, de Mulloy, de Reinecke (1).

**indice de qualité de station:** [site index]
Mesure de la qualité du site basée sur la hauteur des arbres dominants et codominants dans un peuplement, à un âge donné (1).

Cet indice, exprimé en mètres, s'applique habituellement à une essence forestière donnée; il peut être divisé en classes.

**inéquienne:** [uneven-aged]
Se dit d'une forêt, d'un peuplement ou d'un type de couvert composé d'arbres très différents (1).

Les différences d'âge dans un peuplement inéquienne doivent être d'au moins 10 à 20 ans.

Voir *équienne.*

**infrarouge** (photographié): infrared
Se dit des radiations, de même nature que les radiations lumineuses, mais dont la fréquence est inférieure à celle des radiations rouges constituant la limite du spectre visible. Ces radiations ont des longueurs d'onde plus grandes que celles de la lumière, mais plus petites que celles des ondes radioélectriques (52).

**intégration de données variées:** [multiresource integration]
Création d'une série de données communes comprenant une ou plusieurs variables (données universelles) utilisées pour deux ou plusieurs fonctions. Il s'agit d'une tentative d'enregistrer, en totalité ou en partie, les paramètres biologiques et physiques d'un site indépendamment des utilisations prévues des ressources (19).

**intégration, données variées**
Voir *intégration de données variées.*

**intelligence artificielle** (informatique): [artificial intelligence]
Utilisation d'ordinateurs et élaboration de programmes de façon à effectuer des opérations analogues à la capacité d'apprentissage et de prise de décision de l'homme (6). Par exemple, l'intelligence artificielle est utilisée dans la mise au point de systèmes experts.

**intensité de l'échantillonnage:** [sampling intensity]
Nombre d'échantillons prélevés par unité de surface (19).

**interactif** (informatique): [interactive]
Système ou programme qui permet à l'utilisateur de spécifier ses requêtes ou données de manière conversationnelle en contrôlant constamment la suite des opérations (48).

**interpretation**
Voir *photo-interprétation.*

**intervalle de confiance:** [confidence interval]
Groupe de valeurs adjacentes discrètes ou continues utilisées pour estimer un paramètre statistique (comme moyenne ou variance) et qui a tendance à inclure la valeur vraie du paramètre pendant une fraction déterminée de temps si le processus pour trouver le groupe de valeurs est répété plusieurs fois (31).

**inventaire:** [cruise]
Action de dénombrer les arbres, existant sur une surface donnée, par essences et classes de dimensions, qualités, produits possibles, ou autres caractéristiques (36).

**inventaire:** [inventory]
**inventaire d'aménagement:** [management inventory]
Inventaire forestier intensif et détaillé effectué à des fins d'aménagement et portant sur une superficie considérée comme unité (1).

Les types de couvert forestier sont généralement cartographiés en détail avec des évaluations pour chaque type. Des résultats précis sont fournis pour le volume total inventorié.

**inventaire de reconnaissance:** [reconnaissance inventory] Vaste inventaire forestier exploratoire qui ne procure pas d'évaluations détaillées (1).

**inventaire d'exploitation:** [operational inventory] Inventaire forestier intensif d'une petite superficie à des fins d'exploitation forestière (1).

Les peuplements individuels sont cartographiés avec des évaluations pour chacun.

Il n'y a généralement pas d'échantillonnage en règle et on n'obtient pas d'estimations précises.

**inventaire forestier:** [forest inventory]
Opération ayant pour but de fournir des renseignements pour une zone donnée, sur les points suivants: conditions du sol, topographie,

superficie, état, composition et structure des forêts, etc.; ces données sont susceptibles d'être utilisées pour l'aménagement ou la gestion des forêts ainsi que pour l'élaboration des programmes forestiers et des politiques forestières (36).

**inventaire forestier continu:** [continuous forest inventory] Système d'inventaire forestier où des places-échantillons permanentes, réparties dans toute l'unité d'aménagement forestier, sont constamment mesurées à intervalles réguliers pour déterminer le volume total, la croissance et le décroissement (1).

**inventaire intégré:** [integrated inventory]
Inventaire ou système d'inventaires destiné à répondre à des besoins variés (19).

**inventaire régional:** [regional inventory]
Vaste inventaire forestier détaillé pour une planification provinciale ou régionale (1).

La majorité des types de forêt sont habituellement cartographiés, avec des évaluations pour chaque type. Des résultats précis sont fournis pour le volume total inventorié.

inventaire de reconnaissance
  Voir *inventaire*.

inventaire des ressources
  Voir *inventaire*.

inventaire d'exploitation
  Voir *inventaire*.

inventaire forestier
  Voir *inventaire*.

inventaire forestier continu (IFC):
  Voir *inventaire*.

inventaire général:
  Voir *inventaire*.

inventaire régional
  Voir *inventaire*.

**inventorier:** [cruise]
  Faire un inventaire forestier.

irrégulier
    Voir *inéquienne.*

## - J -

**jauge angulaire**: [angle gauge]
    Instrument utilisé dans l'estimation de la surface terrière par balayage sous angle variable (1).

    Comprend le prisme et le relascope. Plus communément utilisée pour projeter un angle déterminé (critique) horizontalement à partir d'un point.

**jeune:** [immature]
    En aménagement équienne, arbres ou peuplements qui ont dépassé le stade de la régénération mais qui n'ont pas atteint l'âge d'exploitabilité (1).

    Voir *équienne, régénération, mûr.*

## - L -

**Landsat:** [Landsat]
    Nom d'une série de satellites conçus pour transmettre des images de la surface de la terre et des ressources naturelles (1).

**latitude de pose** (photographie): [exposure latitude]
    Écarts d'exposition que peut supporter chaque type de couche photosensible, sans que la qualité de l'image soit notablement affectée (43).

**légende** (cartographie): [legend]
    Notice ou table explicative qu'on fait figurer sur une carte pour en faciliter l'interprétation ou pour expliciter la signification de certains signes conventionnels (52).

**ligne de scannage** (télédétection): [scan line]
    Courbe décrite par la tache élémentaire d'un détecteur au cours du scannage (54).

    Voir *champ de visée instantané.*

**ligne de vol:** [flight line]

Ligne tracée sur une carte pour représenter la trajectoire réelle ou proposée d'un avion, dans les programmes de télédétection (1).

La ligne reliant les points principaux de prises de vues verticales superposées représente la ligne de vol.

**limites de l'échantillon:** [sample frame]

Population totale des unités ou parcelles d'échantillonnage possibles dans la région considérée. Les limites peuvent être une liste de tous les pâturages dans un lot, tous les peuplements dans une forêt, tous les pixels dans une scène transmise par Landsat, toutes les parcelles de 0,1 ha dans un parcours d'hiver utilisé par le gros gibier, etc. (19).

**lissage** (SIG): [smoothing]

Opération par laquelle on substitue une courbe régulière à une courbe présentant des irrégularités dues au hasard, dans une série statistique (42).

**logiciel:** [software]

Ensemble des programmes, procédés et règles, et éventuellement de la documentation, relatifs au fonctionnement d'un ensemble de traitements de l'information (56)

**longueur de la cime:** [crown length]

Distance verticale entre le sommet de la cime et la première couronne d'un arbre (36).

## - M -

marais

Voir *tourbière*.

**marchand:** [merchantable]

Qualifie un arbre ou un peuplement qui a atteint une dimension, une qualité et un volume suffisants pour être utilisé (1).

Ne tient pas compte de l'accessibilité, des facteurs économiques et autres.

**matériel sur pied:** (growing stock]

Ensemble ou partie des arbres (nombre, surface terrière ou volume) dans une forêt (1).

**MEIS:** [MEIS]

Acronyme de *Multi-detector electro-optical imaging scanner* (balayeur imageur électro-optique à détecteurs multiples). Il s'agit d'un imageur à bande spectrale étroite qui utilise un réseau linéaire pour obtenir des données numériques aériennes (1).

**mélangé(s):** [mixedwood(s)]

1. Qualifie un peuplement ou une forêt composés de deux ou de plusieurs essences: en général et par convention, si la ou les essences autres que l'essence principale atteignent, en nombre de tiges, surface terrière ou volume, une proportion de plus de 20 % du total (36).

2. Type forestier dans lequel de 26 à 75 % du couvert appartient aux conifères (1).

mensuration

Voir *dendrométrie.*

**menu** (SIG): [menu]

Liste de commandes ou options offertes au choix d'un utilisateur lors d'un travail en mode conversationnel (51).

**mesurage:** [scale]

Opération qui consiste à mesurer les dimensions linéaires puis à déterminer par le calcul ou par tout autre moyen le volume réel ou apparent des bois sur pied ou abattus, ronds ou débités ou mis en œuvre (36).

**mesures sanitaires:** [sanitation measures]

Enlèvement (i) des arbres morts, endommagés ou vulnérables ou de parties de ces arbres, ou (ii) de la végétation qui sert d'hôte alternant à des pathogènes des arbres du peuplement final, essentiellement dans le but d'éviter ou d'arrêter la propagation de déprédateurs ou de maladies (13).

méthode de Bitterlich

Voir *échantillonnage par placettes circulaires à rayon variable.*

**mettre à jour:** [update]

Noter les changements dans un cycle d'inventaire. La modification partielle d'une série de données sur une région inventoriée, y compris les cartes, soit mécaniquement, soit par modélisation. Par exemple, à mesure que les arbres sont abattus sur des terrains forestiers, on soustrait le volume ainsi coupé; à mesure que la forêt se développe, on augmente le volume à l'aide d'un modèle de croissance (19).

mono-étagé
    Voir *étage*.

**mortalité:** [mortality]
    Mort ou destruction des arbres d'une forêt due à la concurrence, aux maladies, aux insectes, à la sécheresse, au vent, aux incendies et à d'autres facteurs, à l'exclusion de la récolte (1).

    Voir *croissance du peuplement, mortalité*.

**mosaïque** (photogrammétrie): [mosaic]
    Assemblage de photographies aériennes qu'on juxtapose, après en avoir coupé les bords et les avoir convenablement rognés de manière à assurer au mieux leur raccordement et à obtenir une image continue d'une partie de la surface de la terre (52). Souvent «appelée mosaïque aérienne».

    **contrôlée:** [controlled mosaic] Mosaïque orientée et mise à l'échelle en se référant à des points du canevas planimétrique identifiables sur les photographies (52).

    **non contrôlée:** [uncontrolled mosaic] Mosaïque non redressée (1).

    **semi-contrôlée:** [semicontrolled mosaic] Mosaïque partiellement redressée (1).

mosaïque contrôlée
    Voir *mosaïque*.

mosaïque non contrôlée
    Voir *mosaïque*.

**mouvement de l'image** (photographie aérienne): [image motion]
    Défaut de netteté des images photographiques aériennes provenant du fait que l'image se déplace, dans le sens inverse du vol, pendant la durée de l'ouverture du diaphragme de l'objectif, en raison du déplacement de l'avion (39).

**mouvement en x:** [x-motion]
    Dans un stéréorestituteur, déplacement linéaire à peu près parallèle à une ligne qui relie deux chambres de restitution; la trajectoire de ce déplacement coïncide en effet à la ligne de vol entre les deux points de vue pertinents (24).

**mouvement en y:** [y-motion]
    Dans un restituteur, déplacement linéaire quasi perpendiculaire à une ligne reliant deux projecteurs (24).

**moyenne pondérée:** [weighted mean]

Sorte de moyenne destinée à tenir compte des poids différents attribués aux observations (ou à d'autres valeurs) dont on doit prendre la moyenne, chaque valeur étant incluse un nombre de fois proportionnel à son poids supposé (36).

**mûr:** [mature]

En aménagement équienne, arbres ou peuplements ayant atteint ou presque l'âge de rotation (comprend les arbres et peuplements surannés en l'absence d'une classe d'arbres surannés) (1).

## - N -

nadir photographique

Voir *point coté*.

**nettoiement:** [clearing]

Opération au cours de laquelle on coupe la végétation indésirable au regard de l'objectif fixé par l'aménagement, quel que soit le stade de développement du peuplement traité (36).

Voir *coupe à blanc*.

**nœud** (SIG): [node]

Point de jonction des segments ou arcs numérisés (2).

**non marchand:** [unmerchantable]

Qualifie un arbre ou un peuplement qui n'a pas atteint une dimension, une qualité ni un volume suffisants pour être utilisé (1).

nulle

Voir *densité relative*.

## - O -

**octet:** [byte]

Unité de mémoire équivalant à un caractère d'information (14) ou 4 bits.

Voir *bit*.

**orthogonal:** [orthogonal]

(télédétection): À angle droit; qui forme un angle droit; se coupant à angle droit (52).

(statistique): Non corrélé (1).

**orthophotocarte:** [orthophoto map]

Photographie aérienne sur laquelle les déformations de l'image dues à l'inclinaison de l'axe de prise de vues et au relief du terrain sont corrigées en transformant, par petites zones, la projection perspective de la photographie en une projection orthogonale avec modification continue du rapport d'échelle en fonction du relief (35).

**orthophotographie:** [orthophotograph]

Reproduction photographique, dérivée d'une photographie perspective, dans laquelle ont été éliminées les déformations de l'image dues à l'inclinaison de l'appareil de prise de vues et au relief (52).

Voir *redressement, correction géométrique par membrane élastique.*

**oscillation:** [swing]

Rotation de la photographie, dans son plan, autour de l'axe de l'appareil de prise de vues (52). L'oscillation est souvent désignée par le symbole kappa ($\kappa$).

Voir *point nadir, oscillation.*

**oscillation:** [yaw]

1) **Navigation aérienne:** Rotation d'un aéronef autour de son axe vertical de façon que l'axe longitudinal de l'aéronef dévie par rapport à la ligne de vol. Est parfois appelée «dérive».

2) **Photogrammétrie:** Rotation d'une chambre de prise de vues ou du système de coordonnées autour de l'axe z de la photographie ou de l'axe Z extérieur. Dans certains instruments de photogrammétrie et dans les applications analytiques, la lettre grecque kappa ($\kappa$) peut être utilisée (24).

Voir *dérive.*

## - P -

**parallaxe** (photogrammétrie): [parallax]

Déplacement de la position apparente d'un objet par rapport à un repère ou à un système de repères, dû à un changement de position de l'observateur (52).

**absolue:** [absolute parallax] Différence algébrique des distances entre les images d'un même point du terrain et leurs nadirs respectifs sur la photographie (52).

70

**différentielle:** [differential parallax]  Différence des parallaxes linéaires de deux points situés sur une photographie (45).

**stéréoscopique:** [photo parallax] Résultats obtenus lorsque la chambre de prise de vues bouge entre deux photos consécutives (1).

parallaxe X
    Voir *parallaxe.*

**paramètre:** [parameter]
    Donnée variable d'un programme ou sous-programme dont la valeur sera précisée au moment de l'exécution (48).

parcelle
    Voir *place-échantillon.*

**parcelle:** [compartment]
    Unité territoriale élémentaire d'un domaine forestier définie de façon permanente, en vue de la localiser, de la décrire, d'en enregistrer les particularités, pour servir de base à l'aménagement de la forêt dont elle fait partie (36).

parcelle de Bitterlich
    Voir *point d'échantillonnage.*

parcelle-échantillon de superficie variable
    Voir *point d'échantillonnage.*

parcelle-échantillon en bandes
    Voir *virée continue.*

**partition** (informatique, SIG): [segment]
    Découpage d'un ensemble en sous-ensembles suivant un ou plusieurs critères.  Espace mémoire alloué à un programme lors de l'exécution en multi-programmation (51).

**pâturage forestier:** [range land]
    Terrain non cultivé qui produit du fourrage naturel pour le bétail (25).

    Comprend les terrains forestiers fourragers.

**période de battement:** [delay period]
    Nombre d'années prévues entre le moment où un peuplement est décimé et le début de la régénération (21).

    Voir *période de régénération.*

**période de reproduction**
    Voir *période de régénération*.

**période d'implantation:** [establishment period]
    Temps qui s'écoule entre la mise en place et le moment où semis ou plants peuvent être considérés comme implantés, c'est-à-dire ayant commencé leur croissance et ne craignant plus que des adversités exceptionnelles (36).

**périphérique** (informatique): [peripheral]
    Dispositif extérieur d'une unité de traitement nécessaire à sa mise en œuvre.

    Les organes, ou unités périphériques, comprennent les dispositifs d'entrée/sortie (imprimante, machine à écrire, lecteur de cartes, terminaux, etc.) et des mémoires externes (disque et tambours magnétiques, bande magnétique, etc.) (51).

**peuplement:** [stand]
    Ensemble d'arbres ayant une uniformité jugée suffisante quant à sa composition floristique, sa structure, son âge, sa répartition dans l'espace, sa condition sanitaire, etc., pour se distinguer des peuplements voisins, et pouvant ainsi former une unité élémentaire sylvicole ou d'aménagement (36).

**peuplement forestier**
    Voir *peuplement*.

**peuplement vierge:**
    Peuplement composé d'arbres à maturité et surannés pratiquement non influencé par les activités humaines (1).

**photo aérienne**
    Voir *photographie aérienne*.

**photocarte:** [photo map]
    Photographie aérienne ou mosaïque comportant des coordonnées rectangulaires et d'autres renseignements secondaires (1).

    Voir *orthophotographie*.

**photogrammétrie:** [photogrammetry]
    Ensemble des théories, techniques et équipements permettant de déterminer la forme, les dimensions et éventuellement la position dans l'espace d'objets à partir de photographies de ces objets (38).

**photographie aérienne:** [aerial photo]
Photographie prise du haut des airs (1).

Généralement verticale à moins qu'elle ne soit oblique.

**oblique:** [oblique photo] Photographie prise avec l'appareil de prise de vues dont l'axe optique est écarté, à dessein, de la verticale ou de l'horizontale (1).

**verticale:** [vertical photo] Photographie aérienne prise avec l'appareil de prise de vues dont l'axe optique est quasi vertical (1).

**photo-interprétation:** [photo interpretation]
Interprétation des caractéristiques des objets photographiés appuyée sur une analyse qualitative et quantitative des photographies et sur les déductions logiques que permettent à l'interprète son expérience personnelle et sa connaissance de la discipline au profit de laquelle elle est utilisée (38).

photomosaïque aérienne
Voir *mosaïque.*

**pied à coulisse:** [calipers]
Instrument pour mesurer le diamètre des arbres ou des grumes (1).

Comporte une règle graduée munie de deux bras qui lui sont perpendiculaires, l'un fixe, et l'autre qui peut coulisser le long de la règle (36).

**pixel** (télédétection): [pixel]
La plus petite surface homogène constitutive d'une image (aussi appelée «cellule de résolution») (1).

Comparable à l'un des nombreux traits qui constituent l'image sur les écrans de télévision. Acronyme de «picture element» (élément d'image).

**place-échantillon:** [sample plot]
Unité ou élément d'échantillonnage de forme et de superficie connues (1).

Voir *unité d'échantillonnage.*

place-échantillon permanente
Voir *place-échantillon, unité d'échantillonnage.*

placette circulaire à rayon variable
Voir *point d'échantillonnage*.

**plantation:** [plantation]
Ensemble d'un terrain et des arbres qui y croissent après y avoir été plantés (36).

**plantation:** [planting]
Action de créer une forêt en plantant des semis, de jeunes plants ou des boutures (36).

**plantation à racines nues:** [bare-root planting]
Mise en place de jeunes arbres dont les racines ont été libérées du sol dans lequel elles se sont ramifiées (13).

**plantation en récipients:** [container planting]
Mise en place de jeunes arbres, soit avec les récipients contenant la terre, etc., où ils se sont développés, soit après les en avoir extraits. Les plants en question peuvent provenir de graines semées directement dans les récipients ou avoir été transplantés dans ceux-ci (13).

**plate-forme** (télédétection): platform
Structure ou support sur lequel peut être installé l'ensemble des capteurs et de leurs annexes (54).

pluri-étagé
Voir *étage*.

**pointage:** [tally]
Enregistrement des unités dénombrées ou mesurées, par une ou plusieurs classes (1).

**point coté:** [dot grid]
Feuille ou pellicule transparente (transparent) composée de points disposés de façon systématique, chaque point représentant un certain nombre d'unités de surface (1).

Est utilisée pour déterminer des surfaces sur des cartes, des photographies aériennes, des plans et des devis.

Parfois, les points sont disposés au hasard dans un carré ou un rectangle.

**point d'échantillonnage:** [point sample]
L'un des points choisis dans une forêt pour y estimer la surface terrière du peuplement par la méthode de balayage sous angle constant (36).

Voir *facteur de surface terrière, place-échantillon*.

**point de contrôle:** [ground control point]

Point de contrôle identifiable à la fois sur les photographies aériennes et sur le terrain et servant de base à un relevé photogrammétrique (36).

**point de référence** (SIG): label point

Point dans un polygone utilisé pour localiser la référence par rapport au polygone (2).

Voir *centre*.

**point de vue:** [camera station]

Point où se trouve le centre de la pupille d'entrée de l'objectif d'une chambre de prise de vues à l'instant où est prise la photographie. Aussi appelé «point de prise de vue» ou «point de pose» (38).

Voir *base aérienne*.

Voir *base de données spatiales*.

**point nadir** (photogrammétrie): [nadir point]

Intersection de la verticale du centre de perspective de l'objectif d'une chambre photographique avec le plan de la photographie (52).

**pointé géographiquement:** [geographically referenced]

Se dit des données pour lesquelles il existe des informations sur la position permettant de déterminer et de communiquer l'emplacement géographique des données. Le fonctionnement normal d'un système d'information géographique est basé sur des données pointées géographiquement dans une base de données spatiales et sur la manipulation de ces données (11).

**polygone** (SIG): [polygon]

Ensemble de points chiffrés qui délimitent (périmètre) une superficie (type forestier) sur une carte. Les polygones sont souvent composés de segments linéaires ou arcs qui se rejoignent en des points appelés «nœuds» pour former un polygone (2).

**population** (statistique): [population]

Ensemble d'où est prélevé un échantillon (1).

Dans les inventaires forestiers, la population est habituellement une région forestière pour laquelle il faut recueillir des renseignements.

**position:** [position]

Données qui définissent la situation d'un point par rapport à un système de référence donné. Coordonnées qui définissent une telle situation. Emplacement occupé par un point à la surface de la terre ou dans l'espace (52).

**possibilité forestière:** [allowable cut]
Volume de bois pouvant être récolté, sous surveillance, pendant une période donnée (25).

potentiel
Voir *potentiel du site.*

potentiel de la forêt
Voir *potentiel du site.*

**potentiel des terres:** [land capability]
Utilisation potentielle d'une terre en fonction des ressources naturelles renouvelables, par exemple exploitation forestière, agriculture, faune, loisir et production d'eau (1).

**potentiel du site:** [site capability]
Accroissement moyen annuel en volume marchand qu'on peut espérer d'une superficie forestière, en supposant qu'elle est totalement boisée par une ou plusieurs essences bien adaptées au site ou proches de l'âge de rotation (1).

Exprimé en mètres cubes à l'hectare.

Voir *productivité.*

**pourriture:** [rot]
Décomposition du bois provoquée par des champignons (1).

Contrairement à la coloration anormale, la pourriture cause l'amollissement et la mort du bois. Types de pourriture: brune, sèche, du coeur, marginale, bigarrée, alvéolaire, rouge, annulaire, de l'aubier, fibreuse, descendante, du tronc, aqueuse, blanche, pourridié. Est considérée comme un défaut.

**précision:** [accuracy]
Mesure de la variabilité de l'estimation d'un paramètre (caractéristique) par rapport à la valeur vraie du paramètre (1). D'une façon générale, finesse avec laquelle l'estimation approche la valeur vraie. Le carré de l'erreur moyenne (CEM), une mesure de la précision, illustre la relation entre la précision et le biais:

$$CEM = (précision)^2 + (biais)^2$$

**précision** (statistique): [precision]

Variabilité d'une série d'estimations; différence entre une estimation basée sur les résultats d'échantillonnage et une estimation obtenue à partir d'une énumération complète basée sur des méthodes et des procédures identiques (1).

En règle générale, écart aléatoire par rapport à la moyenne de l'échantillon. Le carré de l'erreur moyenne (CEM), mesure de l'exactitude, illustre la relation entre la précision et le biais:

$$CEM = (précision)^2 + (biais)^2$$

La précision de l'erreur d'échantillonnage est habituellement exprimée en erreur type (E.T.) de l'estimation d'échantillonnage, soit en valeur absolue, soit en pourcentage de l'estimation.

Voir *biais, carré de l'erreur moyenne.*

**préparation du terrain:** [site preparation]

Altération de la couche supérieure du sol et du tapis végétal afin de créer des conditions propices à la régénération (13).

**prisme:** [prism]

Instrument optique utilisé comme jauge angulaire, composé d'une mince couche de verre qui établit un angle de projection fixe (critique) dans un point d'échantillonnage (1).

Voir *jauge angulaire, facteur de surface terrière, point d'échantillonnage, échantillonnage par points.*

prisme angulaire

Voir *prisme.*

**productivité:** [productivity]

Taux de production de bois, par volume ou poids, pour une région donnée (1).

Voir *potentiel du site.*

productivité du site

Voir *potentiel du site.*

**profil:** [transect]

Bande étroite ou lignes tracées réellement ou virtuellement à l'intérieur d'une végétation et qui permettent d'en faire l'analyse, le profil et la cartographie (36).

Voir *virée continue.*

**profondeur de champ:** [depth of field]
Espace compris entre le point le plus rapproché et le point le plus éloigné de l'appareil de prise de vues, dans lequel tous les détails ont une netteté au moins égale à une limite donnée (43).

projecteur
Voir *projecteur vertical.*

**projecteur vertical:** [reflecting projector]
Dispositif à l'aide duquel les images enregistrées sur des clichés négatifs ou positifs peuvent être projetées sur un écran, sans déformer la gerbe perspective (54).

**projection cartographique:** [map projection]
Représentation de la surface de la sphère ou de l'ellipsoïde sur un plan, s'appuyant sur un réseau mathématiquement défini de méridiens et de parallèles (52).

Les projections cartographiques les plus fréquemment utilisées en exploitation forestière sont la projection transversale de Mercator, la projection conique de Lambert et la projection polyconique, qui sont toutes des méthodes géométriques.

**projection de la cime:** [crown area]
Surface de sol comprise à l'intérieur de la projection horizontale (c'est-à-dire sur un plan horizontal) de la cime (36).

Peut être déterminée sur le terrain d'après les mesures du diamètre de la cime; sur des photographies aériennes, par des points cotés ou des numérisateurs.

## - Q -

**quadrat:** [quadrat]
Petite parcelle-échantillon, habituellement de 1 ou 4 m$^2$, sur laquelle on procède à des études de régénération (1).

**qualité de station:** [site quality]
Mesure de la capacité productive relative d'un site pour une ou plusieurs essences (1).

Voir *indice de qualité de station, potentiel du site.*

quotient
Voir *quotient de forme.*

**quotient de forme:** [form quotient]
Rapport entre deux diamètres d'un fût d'un arbre (12).

**absolu:** [absolute form quotient] Rapport entre la moitié du diamètre au-dessus de la hauteur de poitrine et le diamètre à hauteur de poitrine (12). Sert à établir les tarifs de cubage.

## - R -

**raccordement au nœud** (SIG): node snap
Action de combler un écart entre les extrémités de deux lignes, par exemple à l'endroit du node (2).

**raccordement marginal** (SIG): [edgematching]
Mise en corrélation graphique des éléments constitutifs d'une coupure avec ceux des coupures adjacentes précédemment rédigées, au voisinage des limites communes (32).

**radar à antenne synthétique:** [Synthetic Aperture Radar; SAR]
Imageur à visée latérale embarqué sur un véhicule aérien ou spatial qui, pour rétrécir la largeur efficace du faisceau émis par l'antenne, utilise l'effet Doppler. Il s'ensuit un accroissement du pouvoir de résolution dans la direction de la trajectoire du véhicule et son maintien à une valeur constante dans la direction du faisceau. Le signal réfléchi est enregistré sur film ou sur bande et doit subir un traitement numérique ou optique pour donner des images radars (23).

**radar aéroporté à vision latérale:** [side-looking airborne radar] (SLAR)
Radar dont l'antenne est placée latéralement, à babord et à tribord, ou sur l'un de ces deux côtés seulement, sur une plate-forme d'observation (54).

**radiale** (photogrammétrie): [radial]
L'une des droites issues d'un centre commun. En photogrammétrie, droite, ou demi-droite, joignant le centre des radiales à un point quelconque de la photographie. On considère, de façon générale et à moins d'indication contraire, que le centre des radiales est le point principal (52).

**rapport base/hauteur** (photogrammétrie): [base-height ratio]
Pour un couple stéréoscopique de photographies, rapport entre la longueur de la base et l'altitude de vol (52).

Voir *base aérienne, amplification du relief.*

**rapport de bande** (télédétection): [band ratios]

Méthode par laquelle les rapport de différentes bandes spectrales provenant de la même image ou de deux images enregistrées sont calculés pour réduire certains effets comme le relief et accentuer les différences subtiles de certains accidents de terrain (23).

**réceptionner une coupe:** [scale]

Mesurer les dimensions linéaires puis déterminer par le calcul ou par tout autre moyen le volume réel ou apparent des bois sur pied ou abattus, ronds ou débités ou mis en œuvre (36).

récolte

Voir *exploitation forestière*.

**reconnaissance aérienne:** [aerial reconnaissance]

Collecte de données à l'aide d'instruments visuels, électroniques ou photographiques, du haut des airs (24).

**recouvrement:** [overlap]

Partie commune à deux images (photos) (1).

**latéral:** [lateral overlap] Recouvrement entre deux photographies aériennes de deux bandes adjacentes et parallèles.

**longitudinal:** [forward overlap] Recouvrement entre deux photos aériennes d'une même bande. Fréquemment utilisé comme synonyme de recouvrement.

Le recouvrement longitudinal et le recouvrement latéral sont généralement évalués en pourcentage de la surface de la photo.

**recouvrement:** [overlay]

En cartographie, superposition d'une carte sur une autre pour montrer les combinaisons des éléments cartographiés (par exemple une carte du couvert forestier et une carte des sols). Les recouvrements peuvent inclure une carte thématique et la superposition des limites, des rectangles, des blocs et d'autres divisions de la surface. On peut effectuer plusieurs recouvrements. Le recouvrement analogique est la superposition des références et des données géocodées axée sur l'analyse et l'extraction de combinaisons particulières de données. C'est l'un des moyens utilisés pour mettre à jour la base de données (2).

recouvrement latéral

Voir *recouvrement*.

recouvrement longitudinal
 Voir *recouvrement.*

recrue
 Voir *croissance du peuplement.*

**redressement (télédétection):** [rectification]
 Transformation d'une photographie prise suivant un axe incliné sur le plan horizontal du point de vue en une photographie telle qu'elle se serait présentée si l'axe de la chambre avait pu être rendu horizontal (38).

 Voir *orthophotographie, correction géométrique par membrane élastique.*

**référence** (SIG, cartographie): [label]
 Donnée alphanumérique, donnée de texture ou symbole qui décrit un polygone, une ligne ou un point. Se dit parfois d'une référence d'attribut, d'un code type ou d'un descripteur (2).

**références collimatrices:** [collimating marks]
 Repères rigidement liés à la chambre qui donnent une image sur un cliché. Les images des références collimatrices permettent de déterminer la position du point principal de chaque cliché (53).

 Voir *repères du fond de chambre.*

**réflectance:** [reflectance]
 Rapport de l'énergie réfléchie par un milieu matériel à l'énergie incidente (54).

**régénération:** [regeneration]
 Renouvellement naturel d'un peuplement forestier par voie de semences, ou renouvellement artificiel d'un peuplement forestier par semis ou par plantations effectués manuellement ou mécaniquement (36).

 Règle générale, la hauteur des arbres ainsi obtenue est inférieure à 1,3 m.

 **classe de régénération:** [regeneration class] Surface, et jeunes arbres poussant sur celle-ci, exploités pendant la durée de régénération dans un mode de régénération par coupes progressives. Durant cet intervalle, les arbres, jeunes et vieux, croissent sur la même surface, les jeunes étant protégés par les vieux (21).

**durée de régénération:** [regeneration interval] Temps qui s'écoule entre la coupe d'ensemencement et la coupe définitive sur une surface donnée soumise à un traitement par coupes progressives (36).

**établissement de la régénération:** [regeneration initiation] Année au cours de laquelle le noùveau peuplement doit être établi, à un niveau de densité acceptable, soit par plantation, soit par ensemencement naturel ou artificiel, soit par des méthodes végétatives (21).

**période de régénération:** [regeneration period] Le temps nécessaire ou qu'on a décidé de prendre pour le renouvellement, par régénération naturelle ou artificielle, d'un peuplement aménagé (36).

**registre** (informatique): [registre]
Ensemble de données connexes traitées comme unité logique. Un bloc peut contenir un ou plusieurs registres sur la bande magnétique (26).

**régression** (statistique): [regression]
Méthode d'analyse par les moindres carrés destinée à examiner les données et à tirer des conclusions sur les relations (par exemple superficie, direction, force) susceptibles d'exister entre une ou plusieurs variables indépendantes (9 et 18).

**relascope:** [relascope]
Jauge angulaire utilisée dans l'échantillonnage par placettes circulaires à rayon variable, dans laquelle des bandes de largeurs diverses sont examinées à l'aide d'un oculaire, ce qui donne différents angles de projection (1).

Le relascope comporte d'autres échelles et peut être utilisé à d'autres fins, par exemple pour estimer la hauteur des arbres.

Voir *prisme, échantillonnage par placettes circulaires à rayon variable, télérelascope.*

**relascope Spiegel**
Voir *relascope.*

**relevé:** [survey]
Ensemble des opérations destinées à recueillir sur place les données originales nécessaires pour l'établissement de la carte d'une certaine région de la terre ou la description des caractéristiques physiques ou chimiques d'une telle région.

Résultat de ces opérations. Aussi, ensemble des moyens en personnel et en matériel mis en œuvre pour l'exécution d'un relevé (52).

**aérien:** [aerial survey] Relevé basé en grande partie sur l'utilisation de photographies aériennes. Opération qui consiste à prendre des photographies aériennes en vue d'un relevé (52).

**au sol:** [ground survey] Relevé effectué par des procédés terrestres, par opposition à relevé aérien. Un relevé terrestre peut comprendre ou non l'utilisation de photographies (52).

**photogrammétrique:** [photogrammetric survey] Relevé dont l'exécution est basée sur l'utilisation de photographies aériennes ou terrestres (52).

**relevé de cadastre:** [cadastral survey]
Relevé typographique destiné à permettre l'identification des parcelles de la propriété foncière de leurs limites (52).

**rendement:** [yield]
Croissance ou accroissement des arbres, à des âges donnés, exprimé en volume ou en poids par rapport à des normes d'exploitabilité (1).

**repères du fond de chambre:** [fiducial marks]
Répères, généralement au nombre de quatre, liés rigidement à l'objectif de l'appareil de prise de vues aériennes par l'intermédiaire du corps de cet appareil, dont les images sur le négatif servent à définir le point principal de la photographie. Également, repères, généralement au nombre de quatre, à l'aide desquels on trace les axes dont l'intersection définit le point principal d'une photographie qui est nécessaire pour réaliser l'orientation interne (52).

Voir *références collimatrices*.

**repère stéréoscopique** (photogrammétrie): [floating mark]
Repère qui, lorsqu'on a réalisé le fusionnement stéréoscopique d'un couple de photographies, occupe une position apparente dans l'espace correspondant à l'image stéréoscopique obtenue, et qu'on peut déplacer pour étudier cette image ou en mesurer certains éléments (52).

reproduction
Voir *régénération*.

**résineux:** [softwood(s)]
1) Nom couramment donné aux arbres du groupe des conifères, en raison de la présence chez un grand nombre d'entre eux de cellules ou de canaux résinifères (34). Terme très général appliqué soit aux arbres appartenant à la classe des Gymnospermes, soit à leur bois (36).

2) Type de couvert dans lequel de 76 à 100 % du couvert appartient aux conifères (1).

**résolution:** [resolution]
Mesure de la capacité d'un système de télédétection à reproduire un objet isolé ou à séparer des objets ou des lignes très rapprochés dans l'espace (1).

Habituellement exprimée en nombre de lignes par millimètre.

**restitution par triangulation radiale:** [radial line plotting]
Méthode de triangulation analytique ou graphique utilisée pour déterminer la position exacte des points, les uns par rapport aux autres, sur des photographies aériennes verticales ou quasi verticales (1).

**retraits:** [withdrawals]
Superficies retranchées à l'ensemble des terres forestières (13).

**révolution:** [rotation]
Nombre d'années requis pour établir et amener un peuplement équienne à l'âge de maturité (1).

**roll:** [roulis]
1) Mouvement d'oscillation d'un avion autour de son axe longitudinal.

2) Photogrammétrie: Rotation de l'appareil de prise de vues ou d'un système de coordonnées photographiques autour de l'axe des abscisses de la photographie, ou de l'axe des abscisses externe (52). Peut être désignée par la lettre grecque omega ($\omega$).

## - S -

**scarification:** [scarification]
Action d'ameublir plus ou moins énergiquement les couches superficielles du sol des clairières ou du sol forestier, par exemple pour y faciliter la régénération par ensemencement naturel ou artificiel (36).

**semis:** [seedling]
Jeune arbre dont le diamètre à hauteur de poitrine ne dépasse par 1 cm (13).

**SHORAN:** [SHORAN]
Système de radionavigation se composant essentiellement d'un interrogateur-répondeur porté par la station mobile et de

transpondeurs placés en des stations fixes de position connue (52). Le nom SHORAN est l'abréviation de l'expression *short range navigation*.

**SIG**

Voir *système d'information à référence géographique*.

**site:** [site]

Le lieu, ou la catégorie de lieux, considéré du point de vue de l'environnement, dans la mesure où ce dernier détermine le type et la qualité de la végétation qui peut y croître (36).

Les sites peuvent être classés qualitativement d'après le climat qui y règne, le sol et la végétation: ce sont des types de sites; ou bien quantitativement d'après leur potentiel de production ligneuse: ce sont des classes de sites (36).

**sonde à écorce:** [bark gauge]

Instrument destiné à mesurer l'épaisseur de l'écorce (36).

**sous-étage**

Voir *étage*.

**sous-parcelle:** [subcompartment]

Subdivision parfois temporaire d'une parcelle, englobant par exemple une partie de peuplement particulièrement homogène, conçue en vue d'effectuer une opération particulière (36).

**sous-population**

Voir *strate forestière*.

**stagnant:** [stagnant]

Arbre isolé ou peuplement dont la croissance est notablement réduite ou même arrêtée du fait, par exemple, de la concurrence, de l'état du sol, d'une maladie, ou de l'action d'une substance chimique (36).

**stagnation:** [check]

Stagnation de la croissance d'un arbre ou d'un peuplement (1).

**standardisation:** [standardization]

Barème utilisé pour le classement d'une valeur individuelle par rapport à l'ensemble des valeurs caractéristiques d'une population (57)

**stéréo:** [stereo]

1) Contraction ou abréviation de stéréoscopique. 2) Orientation de photographies placées convenablement pour être examinées en stéréoscopie. De telles photographies sont dites «stéréoscopiques» (24).

Voir *couverture stéréoscopique*.

stéréocomparateur
>Voir *stéréomètre*.

**stéréogramme:** [stereogram]
>Ensemble de deux perspectives photographiques placées convenablement l'une par rapport à l'autre pour être examinées en stéréoscopie (36).

**stéréomètre:** [stereometer]
>Dispositif spécial q'on utilise avec les appareils stéréoscopiques pour mesurer les parallaxes, pax exemple barre de parallaxe ou échelle de parallaxe (36).

**stéréorestituteur:** [stereoscopic plotter]
>Instrument utilisé pour dresser une carte ou pour effectuer certaines mesures tridimensionnelles au moyen d'images stéréoscopiques obtenues à partir de couples stéréoscopiques (52).

>Voir *table à tracer*.

**stéréoscope:** [stereoscope]
>Instrument binoculaire servant à l'observation d'images stéréoscopiques et permettant la vision en relief des objets photographiés (52).

**stéréoscopie:** [stereoscopy]
>Science et technique se rapportant à l'utilisation de la vision binoculaire pour obtenir et exploiter à des fins diverses les images en relief résultant de l'examen simultané de deux vues perspectives d'un même objet, telles que deux photographies ayant une partie commune (52).

>Voir *couverture stéréoscopique*.

stéréoscopique
>Voir *stéréo*.

strate
>Voir *strate forestière*.

**strate forestière:** [stratum]
>Subdivision d'une région forestière à inventorier (1).

>La division d'une population en strates (stratification) est destinée à obtenir des estimations distinctes pour chaque strate.

**superficie relevée:** [survey area]

Ensemble de la base foncière sur laquelle on cherche des informations, c'est-à-dire des lots, des forêts, scène LANDSAT, ou parcours d'hiver. Aussi, superficie pour laquelle les renseignements seront résumés et analysés, des prédictions faites et des décisions prises. C'est l'ensemble des terres à partir desquelles des unités d'échantillonnage sont sélectionnées (19).

**superposition géométrique** (télédétection): [geometric registration]

Alignement géométrique de deux ou de plusieurs séries de données d'image de façon que les cellules de résolution, pour un seule superficie, puissent être superposées numériquement ou visuellement. Les données superposées peuvent être de même type et provenir de différents capteurs, ou avoir été recueillies à des dates distinctes (28).

**suranné:** [overmature]

En aménagement équienne, arbres ou peuplements qui ont dépassé l'âge de rotation (1).

Voir *mûr.*

**surface terrière:** [basal area]

a) S'il s'agit d'un arbre, la superficie exprimée en mètres carrés de la section transversale de la tige d'un arbre à hauteur de poitrine (1).

b) S'il s'agit d'une forêt, d'un peuplement ou d'un type forestier, la superficie exprimée en mètres carrés par hectare de la section transversale à hauteur de poitrine de tous les arbres (1).

**surface utile d'une photo aérienne:** [effective area of aerial photograph]

Dans une photo aérienne faisant partie d'une bande photographique, la partie centrale de cette photo délimitée par les médianes des zones de recouvrement avec la photo antérieure et la photo postérieure (36). Sur une photo verticale, toutes les images de la surface utile ont un décalage inférieur à celui des images correspondantes sur des photos adjacentes.

**système de référence cartographique:** [map indexing system]

Système de découpage et de numérotation d'une série de cartes d'une même région tracées à différentes échelles (1).

**système d'information à référence géographique** (SIG): [geographic information system]

Système d'information fondé sur une base de données spatiales qui fournit des réponses à des interrogations de nature géographique grâce à une variété de manipulations, comme le triage, l'extraction sélective, des calculs, l'analyse spatiale et la modélisation (11).

Voir *base de données spatiales.*

**table à tracer:** [plotter]

Périphérique de sortie graphique. Les table à tracer sont des tables qui tracent des lignes avec des plumes à encre. Il faut que l'image dessinée soit d'abord codée en format graphique vertoriel (point par point). Les table à tracer à plat limitent la taille totale du dessin à une hauteur et à une largeur fixes, celles de la table sur laquelle le papier est placé pour le dessin. La plume se déplace aussi bien selon l'axe horizontal que l'axe vertical. Les table à tracer à cylindre ne limitent la taille que sur un côté (la taille du cylindre) et non sur les deux côtés puisque le papier est déroulé continuellement comme sur une imprimante standard. Les tables à tracers à cylindre dessinent par déplacement de la plume le long d'un axe et du papier le long d'un autre (40).

Voir *stéréorestituteur*.

**table de peuplement:** [stand table]

Tableau indiquant le nombre d'arbres d'un peuplement par espèce et par classe de diamètre et par unité de surface (1).

Ces données peuvent être présentées sous la forme d'une distribution de fréquence des classes de diamètre.

**table de rendement:** [yield table]

Tableau ou ensemble de tableaux faisant ressortir, de façon chiffrée ou graphique, pour une ou plusieurs essences forestières, l'évolution normale de peuplements équiennes régulièrement traités, dans diverses classes de stations (36).

Les données incluent le diamètre moyen et la hauteur des arbres, la surface terrière totale, le nombre d'arbres et le volume par hectare.

**à densité variable:** [variable density yield table] Table préparée pour des peuplements de densité variable, exprimée en nombre d'arbres par hectare.

**empirique:** [empirical yield table] Table préparée pour des conditions de peuplement moyennes réelles.

**normale:** [normal yield table] Table préparée pour des peuplements à l'état normal, c'est-à-dire dont le degré de couvert est normal.

table de rendement à densité variable
Voir *table de rendement*.

**table de rendement empirique**
 Voir *table de rendement*.

**table de rendement normale**
 Voir *table de rendement*.

**table de stock:** [stock table]
 Tableau donnant pour chaque catégorie de diamètre et généralement chaque essence d'un sous-type le volume des tiges à l'unité de surface (33).

**tache colorée:** [stain]
 Coloration du bois qui n'affecte pas son état (1).

 Causée principalement par des champignons et des substances chimiques. Il existe plusieurs types de taches colorées: bleues, chimiques, brunes, brunes fongiques, internes de l'aubier, de tannate, d'oxydation, de grumes, minérales, de l'aubier, de baguettes, d'eau, taches dues aux intempéries, de blessure.

**taille de l'échantillon:** [sample size]
 Nombre d'unités d'échantillonnage établies dans une région donnée (19).

**tangage:** [pitch]
 1) navigation aérienne: Rotation d'un aéronef autour de son axe de tangage. Cette rotation amène le nez de l'appareil à monter ou à descendre (53).

 2) photogrammétrie: Rotation de l'axe optique de l'appareil de prise de vues dans le plan de symétrie vertical de l'aéronef (53).

**tarif de cubage:** [volume table]
 Tableau indiquant le volume moyen estimé d'un arbre ou d'un peuplement correspondant à des valeurs sélectionnées d'autres variables plus faciles à mesurer (1).

 Utilisé de la même manière que la formule de cubage, à partir de laquelle il est généralement établi. Parfois établi à partir d'une relation graphique entre le volume et d'autres variables de l'arbre ou du peuplement. S'applique à une ou plusieurs espèces.

 **table de stock:** [stand volume table] Volumes donnés en mètres cubes à l'hectare.

 Voir *table de rendement*.

**arbres:** [tree volume table] Volumes donnés en mètres cubes.

a) **tarif du cubage général:** [standard volume table] Les variables indépendantes sont le diamètre à hauteur de poitrine et la hauteur des arbres; les données sont recueillies pour une vaste superficie (province ou région).

b) **tarif du cubage local:** [local class volume table] Le diamètre à hauteur de poitrine est la seule variable indépendante; les données sont recueillies sur une petite superficie locale; le tarif de cubage est parfois établi à l'aide de la formule de cubage général, laquelle s'applique à la relation entre la hauteur et le diamètre.

c) **tarif du cubage par classe de forme:** [form class volume table] Formules de cubage général établies pour différentes classes de forme.

d) **tarif photogrammétrique (peuplement et arbre):** [aerial volume table] Tarif de cubage des bois sur pied basé sur des mesures de volumes faites au sol et mises en corrélation avec des dimensions susceptibles d'êtres mesurées sur photographies aériennes, telles que la densité des peuplements, la hauteur décelable des arbres, le diamètre des cimes (36).

tarif de cubage général
    Voir *tarif de cubage.*

tarif de cubage local
    Voir *tarif de cubage.*

tarif du cubage par classe de forme
    Voir *tarif du cubage.*

tarif photogrammétrique
    Voir *tarif de cubage.*

**tarière de Pressler:** [increment borer]
    Sonde creuse qu'on peut visser et enfoncer dans le bois pour en extraire de petits cyclindres radiaux de bois afin d'y compter et mesurer les cernes ligneux et pour estimer l'âge ou la croissance de certains arbres (36).

**taux de carie:** [cull factor]
    Pourcentage du volume brut d'un arbre sur pied non commercialisable en raison de défauts (1).

**télédétection:** [remote sensing]

Ensemble des connaissances et techniques utilisées pour déterminer des caractéristiques physiques et biologiques d'objets par des mesures effectuées à distance, sans contact matériel avec ceux-ci (54).

**télérelascope:** [telerelascope]

Relascope couplé à des verres grossissants, conçu pour servir de dendromètre (1).

Voir *relascope, dendromètre.*

**terrain affecté:** [assigned land]

Terrain forestier appartenant à la Couronne qui n'est plus sous le contrôle direct de celle-ci (1).

Comprend les terres de la Couronnes concédées par bail ou par permis à des organismes privés.

Voir *terrain retenu.*

**terrain aliéné**

Voir *terrain affecté.*

**terrain déboisé:** [cleared land]

Terrain où les arbres sont supprimés ou détruits durablement, habituellement par l'homme (1).

Comprend les routes, les emprises, les voies de chemin de fer, les lignes de transport d'électricité, les pistes d'atterrissage, les carrières, les mines, les dykes, etc.

**terrain dénudé:** [barren]

Terre sans arbres ni végétation ou ne comportant que des arbres rabougris (36).

Voir *terre vierge.*

**terrain forestier:** [forest land]

Terrain portant une forêt en croissance (36).

Comprend des terrains qui ne sont pas actuellement boisés, comme les terrains ayant subi une coupe rase; les terrains forestiers du Nord non exploités; et les plantations.

Voir *terrain non forestier.*

**improductif:** [unproductive forest land] Terrain forestier qui est incapable de produire un volume marchand de matière igneuse dans un laps de temps raisonnable (1).

Comprend les tourbières, le roc, les terrains dénudés, les marais, les prairies, etc., qui se trouvent dans les secteurs forestiers.

**productif:** [productive forest land] Terrain forestier qui peut produire un peuplement marchand dans un laps de temps raisonnable (1).

**unité d'aménagement forestier:** [forest management unit] Superficie d'un terrain forestier exploité comme unité pour produire de la fibre et d'autres ressources renouvelables (1).

Cette unité peut recouvrir la totalité d'une province ou d'un territoire, une subdivision provinciale d'aménagement forestier, une concession forestière industrielle, etc.

**terrain forestier boisé:** [stocked forest land]
Terrain supportant des arbres en croissance (1).

Dans ce contexte, les arbres en croissance comprennent les semis et les jeunes arbres.

**terrain forestier non réservé:** [nonreserved forest land]
Terrain forestier qui, en vertu de la loi ou d'une décision administrative, est disponible pour l'exploitation forestière (1).

Voir *terrain forestier réservé.*

terrain forestier productif
Voir *terrain forestier.*

**terrain forestier réservé:** [reserved forest land]
Terrain forestier qui, en vertu d'une loi ou d'une décision administrative, n'est pas disponible pour l'exploitation forestière (4).

Voir *terrain forestier non réservé.*

terrain non aliéné
Voir *terrain retenu.*

**terrain non forestier:** [nonforest land]
Terrain ne portant pas de forêt en croissance (1).

Comprend les parcs et les jardins urbains, les vergers, les prés-bois et les parcours.

Voir *terrain forestier*.

**terrain privé:** [private land]
Terrain qui n'appartient pas à la Couronne (1).

Voir *terres de la Couronne*.

**terrain retenu:** [retained forest land]
Terrain forestier propriété de la Couronne et qui est sous son contrôle direct et immédiat (1).

Voir *terrain affecté (concédé)*.

**terre agricole:** [agricultural land]
Terre utilisée principalement pour l'agriculture (1).

**terre alpine:** [alpine land]
Terre qui, en raison de son élévation, est au-dessus de la limite des arbres (c'est-à-dire la limite au-delà de laquelle les arbres ne peuvent pousser), portant des associations végétales dominées par des plantes indigènes ou adaptées aux districts montagneux (1).

Voir *terre vierge*.

**terre vierge:** [wildland]
Terre, boisée ou non, non influencée de très longue date par l'activité humaine (36).

Comprend la toundra, les terres stériles, les terres alpines.

**terres de la Couronne:** [crown land]
Terres qui appartiennent à la Couronne.

**terres fédérales:** [federal crown land] Terres publiques qui relèvent de l'administration fédérale et qui comprennent les terres des Territoires du Nord-Ouest, y compris l'Archipel arctique et les îles du détroit d'Hudson, de la baie d'Hudson et de la baie James, les terres du Yukon, les terres de l'Artillerie et de l'Amirauté, les parcs nationaux et les lieux historiques nationaux, les terres forestières expérimentales, les fermes expérimentales, les réserves indiennes et, en général, toutes les terres détenues par les différents ministères fédéraux pour diverses fins de l'administration fédérale (1).

**terres provinciales:** [provincial crown land] Terres publiques administrées par les autorités provinciales. Peuvent comprendre les terres municipales (1).

Voir *terrain privé*.

terres fédérales
Voir *terres de la Couronne*.

**terres forestières résiduelles:** [other wooded land]
Terres ayant certaines caractéristiques d'exploitation forestière mais qui ne constituent pas des forêts, au sens défini sous la rubrique «forêt dense» (30).

Sont inclus:

a) Les forêts claires: Terres dont le couvert forestier représente environ de 5 à 20 % de la superficie (ou dont la densité du peuplement est inférieure à 20 %);

b) Les brise-vents, les rideaux abris, les haies et les groupes d'arbres isolés couvrant moins de 0,5 ha;

c) Les arbustes et brousses: Terres pourvues d'arbustes ou d'arbres rabougris couvrant plus de 20 % de la superficie, à vocation autre qu'agricole ou autre, comme le broutage d'animaux domestiques.

Voir *forêt dense*.

**terres municipales:** [municipal land]
Terres appartenant à une municipalité et terres publiques provinciales ou fédérales qui relèvent directement d'une municipalité (4).

terres provinciales
Voir *terres de la Couronne*.
terres publiques
Voir *terres de la Couronne*.

**tige:** [stem]
Axe principal d'une plante à partir duquel les bourgeons et les pousses se développent (36).

Chez les arbres, la tige peut s'étirer jusqu'au sommet de l'arbre, comme chez certains conifères, ou se perdre dans la cime, comme chez la plupart des arbres feuillus.

Voir *fût*.

**toundra:** [tundra]
Formation végétale basse, principalement composée d'espèces arctiques, située entre la limite septentrionale de la taïga, et la zone des neiges et des glaces perpétuelles (36).

Voir *terre vierge*.

**tourbière :** [muskeg]
Tourbières et marécages très peu arborés en raison d'une humidité excessive (1).

    **dénudée humide:** [clear] Tourbière à couvert forestier inférieur à 10 %.

    **semi-dénudée humide:** [treed] Tourbière à couvert forestier d'au moins 10 %.

tourbière arborée
    Voir *tourbière*.

tourbière dénudée humide
    Voir *tourbière*.

**tracé des contours:** [phototyping]
Délimitation et immatriculation de structures naturelles ou culturelles sur des photographies aériennes (1).

Voir *type forestier*.

**traitement:** [processing]
1. Terme utilisé pour décrire toutes les étapes de transformation de l'image latente en une image visible et permanente (46).
2. Manipulation des données à l'aide d'un ordinateur ou d'un autre dispositif (24).

**traitement** (SIG): [manipulation]
Ensemble des opérations mathématiques et logiques effectuées sur des informations, selon une procédure établie (44).

Voir *analyse*.

traitement des données
    Voir *traitement*.

**trame** (SIG): [raster]
1. Zone balayée (illuminée] d'un tube à rayon cathodique (29).
2. Données représentées par un ensemble de pixels disposés sur des centres de grille rectangulaire (23).

**transfert de points** (photogrammétrie): [point transfer device]
Appareil utilisé pour marquer simultanément des points homologues sur deux clichés formant couple (55).

**transformation:** [transformation]
Opération qui consiste à effectuer (par une méthode mathématique, graphique ou photographique) la projection d'une image photographique plane sur un autre plan par translation, rotation ou changement d'échelle (52).

**transformation en composantes principales** (télédétection, statistique): [principal components transformation]
Représentation de données en un nouveau système de coordonnées (orthogonales) non corrélées ou espace vecteur. Elle produit des données spatiales multidimensionnelles à variance maximale le long du premier axe, puis le long d'un deuxième axe mutuellement orthogonal, etc. (23). En d'autres termes, les composantes dérivées sont simplement des composites linéaires des variables originales.

tronc
Voir *fût*.

type de couvert
Voir *type forestier*.

type de couvert forestier
Voir *type forestier*.

type de peuplement
Voir *type forestier*.

**type forestier:** [forest type]
Goupes de zones boisées ou peuplements de composition similaire qui les différencie des autres groupes (1).

Les types forestiers sont habituellement groupés et définis par la composition des espèces et souvent par les classes de hauteur et de fermeture du couvert. Les classes d'âge, de qualité de la station et d'autres classes peuvent également être reconnues. La typologie est habituellement faite sur les photos aériennes et peut être complétée par des données recueillies sur le terrain. Les symboles et limites sont indiqués sur les photos et transférés sur la carte forestière.

**unité d'échantillonnage:** [sample unit]
L'une des parties dans lesquelles la population a été divisée à des fins d'échantillonnage (1).

Chaque unité d'échantillonnage comprend habituellement un seul élément d'échantillonnage, soit une place-échantillon, un point d'échantillonnage ou un arbre. Si l'unité d'échantillonnage contient plus d'un élément d'échantillonnage, il s'agit d'une grappe. Dans un échantillonnage probabiliste, les unités d'échantillonnage sont sélectionnées indépendamment les unes des autres, contrairement aux éléments d'échantillonnage de l'unité d'échantillonnage (grappe).

Voir *place-échantillon, grappe.*

**permanente:** [permanent sample unit] Unité conçue pour le remesurage.

**temporaire:** [temporary sample unit] Unité conçue pour prendre des mesures à un moment donné seulement.

unité d'échantillonnage temporaire
Voir *unité d'échantillonnage.*

**variable** (statistique): [dummy variable]
Variable qualitative dont la seule structure significative est la distinction des valeurs entre elles (47).

variable indicateur
Voir *variable.*

**variable nominale** (SIG): nominal variable
Variable qualitative dont la seule structure significative est la distinction des valeurs entre elles. Par exemple la dichotomie homme-femme. Il s'agit en réalité de deux catégories dont on ne peut dire que l'une est plus grande que l'autre (47).

**variance** (statistique): [variance]
Mesure de la variabilité pour une population finie ou pour un échantillon; c'est la somme des carrés des écarts de chaque observation mesurée à partir de la moyenne arithmétique, divisée par le nombre total d'observations moins un (36).

Voir *écart-type.*

**vecteur** (SIG): [vector]
> Série de points telle que les vecteurs peuvent être tracés d'un point à l'autre (théoriquement) pour obtenir des segments linéaires sur un écran ou table à tracer (23).

**vétéran:** [veteran]
> Vieil arbre provenant d'un peuplement ancien (25).

**virée continue; bande-échantillon:** [cruise strip]
> Bande longue et étroite utilisée comme unité d'échantillonnage dans les enquêtes (36).

**virée d'inventaire:** [cruise line]
> Bande de forêt de quelques dizaines de mètres de largeur parcourue par une équipe de préposés chargés de marquer et de mesurer les arbres en vue d'un inventaire ou d'une coupe (43).

> Voir *virée continue, inventaire par échantillonnage en lignes, profil.*

**virée discontinue:** [line plot cruise]
> Collecte de données à partir d'unités d'échantillonnage disposées (habituellement) à intervalles réguliers le long de lignes d'inventaire (1).

**vitesse aérienne:** [air speed]
> Vitesse par rapport à la masse d'air environnante d'un avion en vol (52).

> Voir *vitesse au sol.*

**vitesse par rapport au sol** (photogrammétrie, navigation aérienne): [ground speed]
> Vitesse par rapport au sol d'un avion, le long de sa route (52).

> Voir *vitesse aérodynamique.*

**volume:** [volume]
> Quantité de bois dans un arbre, un peuplement ou une autre zone par rapport à une unité de mesure ou un étalon (25).

> Le volume peut être mesuré en mètres cubes ou en mètres cubes par hectare. L'étalon utilisé peut être le bois de pâte ou le bois de sciage. Habituellement exprimé selon les spécifications suivantes:

> **brut total:** [gross total volume] Volume de la tige principale, y compris la souche et le fin bout ainsi que le bois pourri et imparfait, d'arbres ou de peuplements (1).

**marchand brut:** [gross merchantable volume] Volume de la tige principale, à l'exclusion de la souche et du fin bout, mais comprenant le bois pourri et imparfait, des arbres ou des peuplements (1).

**marchand net:** [net merchantable] Volume de la tige principale, à l'exclusion de la souche et du fin bout ainsi que le bois pourri et imparfait, d'arbres ou de peuplements (1).

volume brut
>Voir *volume*.

volume marchand
>Voir *volume*.

volume net
>Voir *volume*.

volume total
>Voir *volume*.

## - X -

**xylomètre:** [xylometer]
>Appareil pour mesurer le volume des pièces de bois de forme irrégulière. Le principe de cet appareil consiste à mesurer le volume du liquide déplacé par leur immersion (36).

# Partie III

## Annexe 1.  Unités de mesure et classes

**Tableau 1.**  Unités de mesure utilisées dans l'inventaire forestier métrique

| Type | Unité | Symbole | Exemples d'utilisation |
|---|---|---|---|
| Longueur | centimètre | cm | Diamètre de l'arbre |
| | mètre | m | Hauteur de l'arbre<br>Longueur des grumes<br>Virée continue et dimensions de la parcelle |
| | kilomètre | km | Distance au sol |
| Superficie | centimètre carré | cm² | Superficies sur des cartes ou des photos |
| | mètre carré | m² | Superficie de la parcelle<br>Surface terrière |
| | hectare | ha | Superficie d'un peuplement<br>Superficie de l'unité d'aménagement forestier |
| Volume | mètre cube | m³ | Produits forestiers |
| | mètre cube apparent | m³ (apparent) | Bois apparent (y compris le volume de l'écorce et les interstices) |
| Masse | tonne | t | Produits forestiers |
| Angle | degré | ° | Pente<br>Direction |
| | pourcentage[a] | % | Pente |

[a] Même s'il n'est pas une unité de mesure, le pourcentage est inclus en raison de son usage courant dans la description des pentes.

100

**Tableau 2.** Dimensions des parcelles

A. Parcelles à superficie fixe

| Dimension de la parcelle | | Côté d'une parcelle carrée | Rayon d'une parcelle circulaire |
|---|---|---|---|
| (ha) | (m²) | (m) | (m) |
| 0,0004 | 4a | 2,00 | 1,13 |
| 0,0016 | 16a | 4,00 | 2,26 |
| 0,01 | 100 | 10,00 | 5,64 |
| 0,02 | 200 | 14,14 | 7,98 |
| 0,025 | 250 | 15,81 | 9,82 |
| 0,03 | 300 | 17,32 | 9,77 |
| 0,04 | 400 | 20,00 | 11,28 |
| 0,05 | 500 | 22,36 | 12,62 |
| 0,06 | 600 | 24,49 | 13,82 |
| 0,08 | 800 | 28,28 | 15,96 |
| 0,1 | 1 000 | 31,62 | 17,84 |
| 0,2 | 2 000 | 44,72 | 25,23 |
| 0,25 | 2 500 | 50,00 | 28,21 |

a Parcelles de régénération.

B. Points d'échantillonnage

| Facteur de surface terrière[a] | Facteur de rayon de la parcelle[b] | Angle[c] | Constante du facteur de conversion par hectare[d] |
|---|---|---|---|
| 1 | 0,5000 | 1,14 | 12 734 |
| 2 | 0,3535 | 1,62 | 25 470 |
| 3 | 0,2886 | 1,98 | 38 209 |
| 4 | 0,2499 | 2,29 | 50 950 |
| 5 | 0,2236 | 2,56 | 63 694 |
| 10 | 0,1580 | 3,62 | 127 452 |
| 15 | 0,1290 | 4,43 | 191 273 |
| 20 | 0,1117 | 5,12 | 255 158 |

a Donne la surface terrière occupée par chaque arbre au point d'échantillonnage, en mètres carrés par hectare.
b Lorsque multiplié par le dhp d'un arbre (en centimètres), distance maximale (en mètres) à laquelle l'arbre serait compté.
c En degrés.
d Lorsque divisée par le dhp au carré d'un arbre (en centimètres carrés), nombre d'arbres par hectare représenté par chaque arbre-échantillon.

**Tableau 3.** Mesures des peuplements

| Paramètre | Unité de mesure ou d'enregistrement | Exprimé à la valeur la plus proche[a] | Exemples |
|---|---|---|---|
| Diamètre | cm | 0,1 cm | |
| Hauteur | m | 1 m | Classe 10: $9,5 < h \leq 10,5$[b] |
| | | 2 m | Classe 10: $9 < h \leq 11$ |
| | | 5 m | Classe 10: $7,5 < h \leq 12,5$ |
| Fermeture du couvert | % | 5%[c] | |
| Abondance de la tige | arbres par | 1 arbre[c] | |
| Surface terrière | $m^2$/ha | 1 $m^2$/ha[c] | |
| Volume | $m^3$/ha | 1 $m^3$/ha[c] | |

[a] Ces recommandations s'appliquent à de nombreux inventaires. Toutefois, le degré de précision requis diffère, selon le type d'inventaire, les quantités mesurées et l'utilisation des données, et peut entraîner un écart important par rapport aux recommandations.

[b] La hauteur du peuplement est supérieure à 9,5 m, inférieure ou égale à 10,5 m.

[c] On recommande que les classes utilisées commencent à 0, qu'elles soient exprimées par leur point moyen; par exemple, pour un intervalle de 40, la classe 100 ($= x$) a une étendue de $80 < x \leq 120$.

**Tableau 4.** Mesures des arbres

| Paramètre | Unité de mesure ou d'enregistrement | Exprimé à la valeur la proche[a] | Exemples |
|---|---|---|---|
| Diamètre | cm | 0,1 cm | |
| | | 1 cm | Classe 12:11,5$<$d$\leq$12,5 |
| | | 2 cm[b] | Classe 11: 11$<$d1$\leq$3 |
| Épaisseur avec écorce | cm | 0,1 cm | |
| Hauteur | m | 0,1 m[c] | |
| | | 0,5 m[d] | |
| | | 1 m | Classe 10: 9,5$<$h$\leq$10,5 |
| Diamètre de la cime | m | 0,1 m | |
| Superficie de la cime | m² | 0,1 m² | |
| Surface terrière | m² | 0,001 m²[e] | |
| Volume | m³ | 0,001 m³[e] | |
| Masse (poids) | kg | 0,1 kg[e] | |

[a] Ces recommandations s'appliquent à de nombreux inventaires. Toutefois, le degré de précision requis diffère selon le type d'inventaire, les quantités mesurées et l'utilisation des données, et peut entraîner un écart important par rapport aux recommandations.
[b] Si les intervalles entre les classes sont plus grands, les limites devraient coïncider avec celles des classes de 2 cm.
[c] Dans des parcelles permanentes (bois sur pied).
[d] Dans des parcelles temporaires.
[e] Ou mesurée ou calculée aux trois chiffres significatifs.

# Annexe 2. Symboles des essences forestières commerciales

| Nom vernaculaire | Nom scientifique | Symbole recommandé |
|---|---|---|
| **Essences résineuses** | | |
| Pin | *Pinus* L | Er |
| Pin blanc | *Pinus strobus* L. | P |
| Pin argenté | *Pinus monticola* Dougl | Pb |
| Pin albicaule | *Pinus albicaulis* Engelm. | Par |
| Pin ponderosa | *Pinus ponderosa* Laws. | Pal |
| Pin rigide | *Pinus rigida* Mill. | Pp |
| Pin rouge | *Pinus resinosa* Ait. | Pri |
| Pin gris | *Pinus banksiana* Lamb. | Pro |
| Pin tordu | *Pinus contorta* Dougl. | Pg |
| Pin sylvestre | *Pinus sylvestris* L. | Pt |
| Pin d'Autriche | *Pinus nigra* Arnold | Ps |
| | | Pau |
| Mélèze | *Larix* Mill. | M |
| Mélèze laricin | *Larix laricina* (Du Roi) K. Koch | Ml |
| Mélèze occidental | *Larix occidentalis* Nutt | Mo |
| Mélèze d'Europe | *Larix decidua* Mill. | Me |
| Épinette | *Picea* A. Dietr. | É |
| Épinette blanche | *Picea glauca* (Moench) Voss | Éb |
| Épinette d'Engelmann | *Picea engelmannii* Parry | Ée |
| Épinette de Sitka | *Picea sitchensis* (Bong) Carr. | ÉS |
| Épinette rouge | *Picea rubens* Sarg. | Ér |
| Épinette noire | *Picea mariana* (Mill.) B.S.P. | Én |
| Épinette de Norvège | *Picea abies* (L.) Karst | ÉN |
| Pruche | *Tsuga* (Endl.) Carr. | Pr |
| Pruche du Canada | *Tsuga canadensis* (L.) Carr | PrC |

Annexe 2 (*suite*)

| Nom vernaculaire | Nom scientifique | Symbole recommandé |
|---|---|---|
| **Essences résineuses** | | |
| Pruche occidentale | *Tsuga heterophylla* (Raf.) Sarg. | Pro |
| Pruche subalpine | *Tsuga mertensiana* (Bong.) Carr. | Prs |
| Douglas taxifolié | *Pseudotsuga menziesii* (Mirb.) Franco | Dt |
| Sapin | *Abies* Mill. | S |
| Sapin baumier | *Abies balsamea* (L.) Mill. | Sb |
| Sapin subalpin | *Abies lasiocarpa* (Hook.) Nutt. | Ss |
| Sapin gracieux | *Abies amabilis* (Dougl.) Forbes | Sgrc |
| Sapin grandissime | *Abies grandis* (Dougl.) Lindl. | Sgrd |
| Thuya | *Thuja* L. | T |
| Thuya occidental | *Thuja occidentalis* L. | To |
| Thuya géant | *Thuja plicata* Donn. | Tg |
| Cyprès jaune | *Chamaecyparis nootkatensis* (D. Don) Spach | Cj |
| Genévrier rouge | *Juniperus virginiana* L. | Gr |
| If occidental | *Taxus brevifolia* Nutt. | Io |
| **Autres essences résineuses** | | Aer |
| **Essences feuillues** | | Ef |
| Saule noir | *Salix nigra* Marsh. | Sn |
| Peuplier | *Populus* L. | Pe |
| Peuplier faux-tremble | *Populus tremuloides* Michx. | Peft |
| Peuplier à grandes dents | *Populus grandidentata* Michx. | Pegd |

105

Annexe 2 (*suite*)

| Nom vernaculaire | Nom scientifique | Symbole recommandé |
|---|---|---|
| **Essences feuillues** | | |
| Peuplier baumier | *Populus balsamifera* L. | Peb |
| Peuplier deltoïde | *Populus deltoïdes* Bartr. | Ped |
| Peuplier occidental | *Populus trichocarpa* Torr. & Gray | Peo |
| Peuplier argenté | *Populus alba* L. | Pea |
| Peuplier de Caroline | *Populus X canadensis* Moench | PeC |
| Noyer cendré | *Juglans cinerea* L. | Nc |
| Noyer noir | *Juglans nigra* L. | Nn |
| Caryer | *Carya* Nutt. | C |
| Caryer ovale | *Carya ovata* (Mill.) K. Koch | Co |
| Caryer glabre | *Carya glabra* (Mill.) Sweet | Cg |
| Caryer cordiforme | *Carya cordiformis* (Wang.) K. Koch | Cc |
| Ostryer de Virginie | *Ostrya virginiana* (Mill.) K. Koch | OV |
| Bouleau | *Betula* L. | B |
| Bouleau jaune | *Betula alleghaniensis* Britton | Bj |
| Bouleau à papier | *Betula papyrifera* Marsh. | Bp |
| Bouleau gris | *Betula populifolia* Marsh. | Bg |
| Aulne | *Alnus* B. Ehrh. | A |
| Aulne rouge | *Alnus rubra* Bong. | Ar |
| Aulne de Sitka | *Alnus sinuata* (Reg.) Rydb. | AS |
| Hêtre à grandes feuilles | *Fagus grandifolia* Ehrh. | Hgf |
| Chêne | *Quercus* L. | Ch |
| Chêne blanc | *Quercus alba* L. | Chb |

Annexe 2 (*suite*)

| Nom vernaculaire | Nom scientifique | Symbole recommandé |
|---|---|---|
| Essences feuillues | | |
| Chêne à gros fruits | *Quercus macrocarpa* Michx. | Chgf |
| Chêne bicolore | *Quercus bicolor* Willd. | Chb |
| Chêne jaune | *Quercus muehlenbergii* Engelm. | Chj |
| Chêne châtaignier | *Quercus prinus* L. | Chc |
| Chêne rouge | *Quercus rubra* L. | Chr |
| Chêne noir | *Quercus velutina* Lam. | Chn |
| Chêne palustre | *Quercus palustris* Muenchh. | Chp |
| Orme | *Ulmus* L. | Or |
| Orme d'Amérique | *Ulmus americana* L. | OrA |
| Orme liège | *Ulmus thomasii* Sarg. | Orl |
| Orme rouge | *Ulmus rubra* Mühl. | Orr |
| Mûrier rouge | *Morus rubra* L. | Mr |
| Tulipier d'Amérique | *Liriodendron tulipifera* L. | TA |
| Sassafras officinal | *Sassafras albidum* (Nutt.) Nees | So |
| Platane occidental | *Platanus occidentalis* L. | Po |
| Cerisier tardif | *Prunus serotina* Ehrh. | Ct |
| Févier épineux | *Gleditsia triacanthos* L. | Fé |
| Acacia blanc | *Robinia pseudoacacia* L. | Ab |
| Érable | *Acer* L. | É |
| Érable à sucre | *Acer saccharum* Marsh. | Érs |
| Érable noir | *Acer nigrum* Michx. f. | Érn |

107

Annexe 2 (*suite et fin*)

| Nom vernaculaire | Nom scientifique | Symbole recommandé |
|---|---|---|
| **Essences feuillues** | | |
| Érable grandifolié | *Acer macrophyllum* Pursh | Érg |
| Érable argenté | *Acer saccharinum* L. | Éra |
| Érable rouge | *Acer rubrum* L. | Érr |
| Érable circiné | *Acer circinatum* Pursh | Érc |
| Érable négondo | *Acer negundo* L. | Érn |
| Nerprun cascara | *Rhamnus purshiana* DC. | Nc |
| Tilleul d'Amérique | *Tilia americana* L. | TA |
| Nyssa sylvestre | *Nyssa sylvatica* Marsh. | Ns |
| Arbousier madroño | *Arbutus menziesii* Pursh | Am |
| Frêne | *Fraxinus* L. | F |
| Frêne blanc | *Fraxinus americana* L. | Fbc |
| Frêne rouge | *Fraxinus pennsylvanica* Marsh. | Fr |
| Frêne bleu | *Fraxinus quadrangulata* Michx. | Fbu |
| Frêne noir | *Fraxinus nigra* Marsh. | Fn |
| Frêne vert | *Fraxinus pennsylvanica* var. *subintegerrima* (Vahl) Fern. | Fv |
| Autres essences feuillues | | Aef |
| Essences résineuses et essences feuillues mélangées | | Erefm |
| Essences non identifiées | | X |

# Annexe 3. Le Système de données sur les terres du Canada[1]

## Historique

Le Système de données sur les terres du Canada (SDTC) comprend un groupe de systèmes informatisés intégrés servant à traiter l'information géographique acquise au cours des deux dernières décennies et inclut l'ancêtre de tous les systèmes d'information géographique, le Système d'information géographique du Canada (SIGEC). Ce dernier a été conçu il y a plus de 20 ans dans le cadre d'un projet mis en œuvre en vertu de la Loi de 1960 sur l'aménagement rural et le développement agricole (ARDA). Il s'agissait principalement de classifier, d'inventorier et de cartographier toutes les terres canadiennes pouvant être productives. C'est ainsi qu'a été entrepris l'Inventaire des terres du Canada (ITC) qui constitue l'un des relevés nationaux les plus vastes et les plus détaillés qui aient jamais été réalisés.

Il est évident qu'en raison de leur volume, les données ne pouvaient pas être analysées manuellement et c'est ainsi qu'on a recherché des solutions automatisées. Cela a donné lieu à la création du SIGEC qui, sous une forme très modifiée, constitue encore une importante composante du SDTC. Il est normal qu'une forte proportion des notions, des algorithmes et des termes associés aux systèmes actuels d'information géographique proviennent du SIGEC.

Le SIGEC et le SDTC ont innové dans bien des domaines. En 1971, année où le SIGEC a été entièrement mis au point, le premier système d'information géographique polyvalent a été utilisé. Il a été le premier système (et le seul pendant de nombreuses années) à permettre l'entrée efficace de grands volumes de cartes manuscrites grâce à la numérisation par balayage. Cela a exigé la conception et la construction à forfait (par IBM) d'un lecteur optique à tambour de grande capacité. Ce lecteur, livré en 1967, n'a été remplacé qu'en 1984 par un lecteur informatisé, ce qui témoigne de la qualité et de la robustesse de sa construction.

Parmi les autres aspects sous lesquels le système a innové, mentionnons l'emploi d'une structure maintenant normale de segments enchaînés permettant la formation de polygones, les principes de suppression des caractères nuls des lignes qu'on appellemaintenant «codage Freeman», le recours à des courbes de Peano pour emmagasiner efficacement des blocs de données spatiales selon la matrice de Morton (d'après Guy Morton d'IBM), le géo-codage comprimé permettant la représentation absolue de toutes les données géographiques, l'emploi d'une présentation hybride à trames et à vecteurs et l'extraction à distance de données cartographiques en mode interactif au moyen de terminaux répartis dans tout le pays. Les innovations

---

1. Extrait d'un document de I.K. Crain, Direction générale des terres, Environnement Canada, Ottawa, K1A 0E7; publié dans Exemplary System in Government Awards, '85-'86 - The State of the Art, Urban and Regional Information Systems Association, 1985.

récentes comprennent l'utilisation de micro-ordinateurs pour analyser les données et effectuer les entrées graphiques, de même que la mise en forme interactive de documents grâce aux ordinateurs de multitraitement de pointe selon les techniques applicables à l'intelligence artificielle.

Le SDTC est un système d'information géographique général axé sur la saisie, la validation, la mise en forme, le stockage, la manipulation, l'extraction et l'affichage de données géographiques. Trois caractéristiques importantes différencient le SDTC des nombreux autres systèmes d'information géographique.

## 1. Représentation géographique absolue

Toutes les données graphiques sont transformées en données numériques selon les coordonnées géographiques absolues (tous les points s'expriment en codes de latitude et de longitude). On peut ainsi éliminer toute dépendance envers la projection cartographique de départ, faire des interrogations axées sur les coordonnées et, qui plus est, effectuer l'intégration subséquente et la superposition de cartes supplémentaires indépendamment du fond de carte.

## 2. Assemblage illimité des cartes

Des coupures adjacentes sont fusionnées pour former une base de données contiguës intégrées, ce qui élimine les limites initiales des cartes. De cette manière, on peut interroger tout sous-ensemble de données sans tenir compte des limites des cartes, des titres ou des pages de données.

## 3. Superposition à pleine combinaison topologique

Cette fonction permet de faire des combinaisons logiques d'un nombre illimité de couvertures de cartes polygonales comprenant, bien entendu, tous les calques des ordres inférieurs comme les combinaisons binaires, les disjonctions, les calques de superposition, etc. Ces combinaisons sont faites pour toute la base de données fusionnées, et non pour une seule carte.

Voici la liste de toutes les fonctions du système:

## Entrée

- Saisie de données par numérisation ligne par ligne et mise en forme interactive
- Saisie de données par lecteur à tambour à trame
- Mise en forme interactive des images des lignes balayées
- Vérification topologique et mise en forme
- Entrée en direct par clavier selon le numéro de polygone
- Assemblage automatisé des paramètres associés aux polygones

- Sous-programmes de mise en forme et de validation automatiques en fonction des spécifications des usagers

**Manipulation des données géographiques**

- Assemblage des feuilles de cartes
- Superposition à combinaison binaire ou multiple
- Fonction de découpage (*cookie-cutter*)
- Production de cercles, de corridors ou de régions à l'étude
- Calques de modification et de rectification
- Superposition de fichiers de référence

**Généralisation**

- Élimination d'une petite surface avec protection des limites
- Suppression des limites

**Calcul géométrique**

- Calcul de la superficie, du périmètre et du barycentre
- Création de sous-ensembles dans la région à l'étude
- Production de données sur fond quadrillé

**Manipulation des paramètres des unités cartographiques**

- Recodage
- Pondération et autres caractéristiques dérivées
- Liaison de données supplémentaires

**Extraction et affichage**

- Création de bases de données interactives de sous-ensembles
- Fichiers sortie numériques de formats divers
- Tableaux statistiques et production d'états
- Transfert de données sur progiciel statistique
- Suppression des limites et sélection par interrogations logiques
- Traçage de cartes monochromes et couleurs
- Production de cartes monochromes et couleurs

Outre ces fonctions générales, le SDTC fournit à diversclients des services informatisés, notamment de balayage de documents variés, de numérisation de points et de lignes, d'établissement de cartes et de diagrammes, et d'aide en matière d'information géographique pour des petits projets qui ne requièrent pas le recours à la base de données complète.

## Description technique

En plus du système principal (SIGEC), le SDTC comprend cinq sous-systèmes, lesquels peuvent servir de systèmes autonomes pour des travaux spécialisés.

Le système SIRE (*Scanning Input and Raster Editing*) est le plus récent et il permet de numériser rapidement de forts volumes de données cartographiques grâce à un lecteur optique à tambour Optronic X4040. Le format maximal des documents est de 1 sur 1 m et la résolution peut varier de 25 à 200 microns. On peut également régler les tons de gris afin de traiter des documents manuscrits sur divers supports, positifs ou négatifs. On peut utiliser des filtres de couleur pour séparer les annotations en couleurs de certaines lignes. Il faut environ 20 minutes pour numériser une carte thématique complète. Le lecteur est un dispositif intelligent commandé par un ordinateur PDP 11-24.

Le système SIRE comprend un poste de travail demultitraitement mis au point par la société Mignot Informatique Graphique, de Montréal. Ce poste de travail permet à l'usager de visionner, de vérifier et d'éditer l'image ainsi balayée afin de s'assurer de son exactitude préalablement au traitement. Grâce à l'intelligence artificielle, le système permet d'effectuer automatiquement certaines opérations, notamment l'amincissement du trait, la détection des fins de ligne, le remplissage de petits espaces, l'élimination des bavures et des parasites et la transformation des trames en vecteurs. Le système SIRE peut servir de système autonome pour numériser des cartes et d'autres documents destinés à alimenter des systèmes extérieurs.

Le sous-système IDESS (*Interactive Digitizing and Editing Sub-System*) fait appel à des numériseurs et des écrans de visualisation graphique commandés par un mini-ordinateur HP-1000 pour numériser et convertir sous forme graphique des coordonnées et des lignes de données. Autonome, le système IDESS peut former des polygones, établir des sommaires statistiques et accomplir diverses tâches ponctuelles d'information géographique. En tant que composante du SDTC, il sert généralement à numériser des coordonnées et à produire des fichiers secondaires de visualisation, lesquels peuvent être superposés sur des bases de données de cartes thématiques introduites par le système SIRE.

Le sous-système d'entrée et de validation des données comprend des fonctions en direct d'introduction par clavier et de contrôle et de validation des descripteurs des caractéristiques. Ces fonctions sont assurées par un mini-ordinateur MV6000 de Data General.

Le SIGEC, qui est la composante principale du SDTC, fournit la presque totalité de la capacité de manipulation des données géographiques. Il est exploité au moyen d'un gros ordinateur IBM situé dans un façonnier commercial. On ne peut décrire en détail le fonctionnement du SIGEC dans le présent document, mais on peut mentionner quelques points principaux.

Dans un premier temps, la conversion de trames en vecteurs est effectuée par petits blocs de données ou «images» (chaque image correspond à un carré d'environ 3 cm² sur la carte de départ). Les coordonnées du document initial sont converties selon un code de latitude et de longitude. Les calculs de projection sont effectués à l'aide d'une formule, pour chacun des coins des images, et des extrapolations sont faites pour les données à l'intérieur des carrés. Le code de latitude et de longitude est basé sur une numérotation des images (matrice de Morton) et sur les décalages relatifs locaux, et ce pour représenter efficacement la référence géographique absolue. On comprime les données grâce au codage directionnel de vecteurs finis incrémentiels.

Par la suite, on joint les cartes de manière à éliminer les lignes de séparation, on effectue les liens entre les données alpha-numériques et cartographiques, on vérifie et on s'assure que les polygones adjacents s'accordent. Les différents types de superposition s'appliquent aux données codées et comprimées afin de produire une superposition à la pleine combinaison logique.

L'utilisateur peut recourir aux services globaux d'extraction (par lot) du SIGEC et aux services interactifs du sous-système d'affichage interactif.

Le sous-système d'affichage interactif a été conçu pour être utilisé de concert avec les bases de données interactives auxiliaires créées en fonction de la sélection de régions d'études particulières (qui peuvent avoir des limites irrégulières ou des sous-ensembles accessoires particuliers, etc.). Il s'agit d'un système graphique interactif qui peut être exploité à l'aide de terminaux monochromes et couleurs de Textronix. L'accès aux banques de données, depuis les postes de travail répartis à maints endroits au Canada, est possible grâce à des lignes de télécommunications à vitesse moyenne. L'usager du terminal peut tracer et obtenir des tableaux, des calculs de vérification et des sorties de données graphiques sur l'écran ou sur les imprimantes. De plus, on peut programmer à distance la production de tableaux et de cartes en se servant du sous-système des sorties cartographiques.

Ce système permet de produire des cartes de grand format en noir et blanc et en couleurs. Les principaux dispositifs de sortie sont le traceur à tambour Gerber et le lecteur-traceur Optronix X4040. Le traceur à tambour sert surtout à dresser diverses cartes en noir et blanc et en couleurs qui serviront d'épreuves dans des publications ultérieures ou des documents de travail. Le traceur au laser Optronix X4040 sert à produire sur pellicule des cartes de grand format en couleurs pouvant être publiées. Le logiciel commercial de traçage cartographique GIMMS est incorporé aux dispositifs de sortie. Il sert principalement à produire le lettrage sur les cartes en couleurs dressées par le traceur.